在这个世界上,爱自己,不仅仅是一种行为,更是生命中最优雅的体现,是这个世界上最甜蜜的浪漫。我向自己低语:你是最美丽的存在。

在羊湖旁,古寺静守岁月,四季轮回。
在这静谧中,我与灵魂对话,领略孤独之美。

宁静是一种力量,引领我们深入自我,使心灵得到滋养。这片净土,让心灵在纷扰中得到净化,理解生活的真谛。

亲子运动会，每参与一次，都是在致敬童年，祝福未来。父子如队友，彼此扶持。汗水与欢笑交织，大宝和爸爸的笑容，绘就最美风景。

"一笔一世界,一画一童话。"爸爸的引导与孩子的探索,共同孕育创新之花。在艺术创作中,我们为孩子的心田播下梦想,让其在爱的阳光下茁壮成长。

旅途中，每个脚印都见证了孩子的成长，每声笑语都能丰富孩子的心灵。我们相信，真正的富养在于精神滋养，让爱与陪伴成为孩子探索世界的桥梁，给予他们指引，温暖始终相随。

家,是时间的画册,记录着我们的欢声笑语和那些重要的日子。
全家福,就是这画册中的一页,它不昂贵,却无比珍贵。
它时刻提醒我们,即使在最平凡的日子里,也有爱与温暖在悄然生长。

318国道，让我慢下来，去感受每一寸土地的温度，去聆听每一缕风的声音。它让我明白，最美的风景，往往不在目的地，而在路上。

富养

被爱的人能一直被爱和去爱

吴佳丽 著

当代世界出版社
THE CONTEMPORARY WORLD PRESS

图书在版编目（CIP）数据

富养 / 吴佳丽著 . -- 北京： 当代世界出版社，2025.1. -- ISBN 978-7-5090-1870-5

Ⅰ . B848.4

中国国家版本馆 CIP 数据核字第 2024VF0176 号

书　　名：	富　养
作　　者：	吴佳丽
出 品 人：	李双伍
监　　制：	吕　辉
责任编辑：	李俊萍
出版发行：	当代世界出版社
地　　址：	北京市东城区地安门东大街 70-9 号
邮　　编：	100009
邮　　箱：	ddsjchubanshe@163.com
编务电话：	（010）83908377
	（010）83908410 转 806
发行电话：	（010）83908410 转 812
传　　真：	（010）83908410 转 806
经　　销：	新华书店
印　　刷：	山东新华印务有限公司
开　　本：	787毫米 × 1092毫米　1/32
印　　张：	7.5
字　　数：	115 千字
版　　次：	2025 年 1 月第 1 版
印　　次：	2025 年 1 月第 1 次
书　　号：	ISBN　978-7-5090-1870-5
定　　价：	68.00 元

法律顾问：北京市东卫律师事务所钱汪龙律师团队（010）65542827
版权所有，翻印必究；未经许可，不得转载。

自 序

岁月匆匆,转眼间我已迈入而立之年的门槛。回首往昔,仿佛走过了一段漫长而又短暂的旅程,喜忧参半。我在顺境中沉醉,也在逆境中挣扎,有过清晰的抉择,也有过迷茫的徘徊。我努力过,也尽情享受过生活的每一刻……时间就像一位雕刻大师,在我的生命中刻下了深深的痕迹,让我感受到生活的厚重与温暖。

每一年,每一天,我都在自己的小世界里,过着平凡而真实的生活,正如《诗经》中所言:"如切如磋,如琢如磨"。我的内心,如同被岁月细细打磨的宝石,越来越明亮。

王阳明先生说:"此心光明,亦复何言!"这句话,一直是我人生的灯塔。如果要我用两个字来形容自己走过的这些年,那便是"光明"。我始终相信,无论天赋如何,唯有努力才能让天赋绽放光彩。因此,无论是学

习还是工作，我都从未有过丝毫懈怠。

当我取得了一点点成就后，我带着家人投身公益事业，希望能以自己的微薄之力回馈社会。我深知，我所获得的一切，离不开社会的支持、国家政策的引导，以及家人、团队和客户的信赖。没有他们，我不可能有今天的成就。

多年来，我和我的先生一直致力于艺术培训、传承传统文化，我们一同绘画、学习茶道、阅读经典。深耕于艺术之田和弘扬家风是对精神的富养，是对文化的传承，也是我们作为君子的修养。这份事业，让我更加热爱艺术与文化，也让我始终保持初心，用信仰去服务他人，为社会贡献自己的力量。

岁月的洗礼，让我的内心越来越平静，越来越明亮。我希望通过这本书与你们分享我的故事，也希望将这份光明传递给我的孩子们，愿我们能相互照亮，共同前行。

目 录

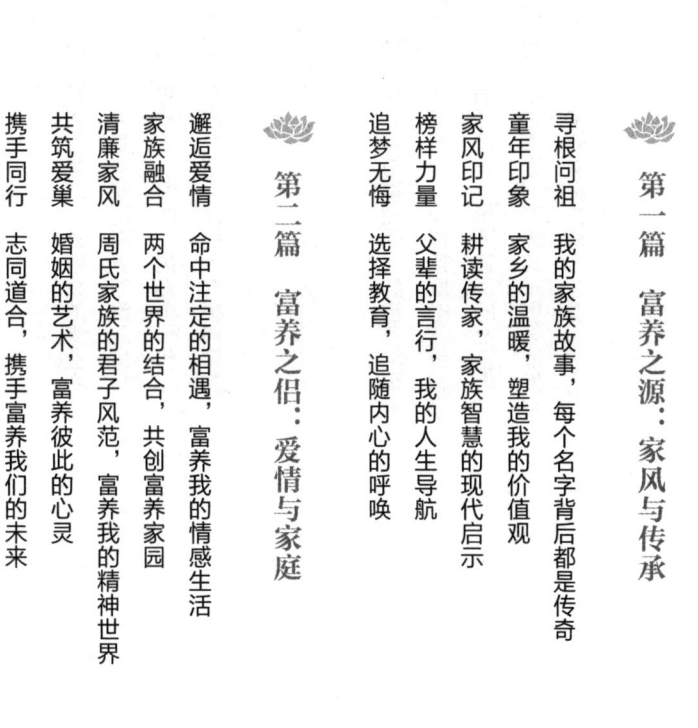

第一篇 富养之源：家风与传承

寻根问祖 我的家族故事，每个名字背后都是传奇 / 002

童年印象 家乡的温暖，塑造我的价值观 / 005

家风印记 耕读传家，家族智慧的现代启示 / 009

榜样力量 父辈的言行，我的人生导航 / 013

追梦无悔 选择教育，追随内心的呼唤 / 021

第二篇 富养之侣：爱情与家庭

邂逅爱情 命中注定的相遇，富养我的情感生活 / 028

家族融合 两个世界的结合，共创富养家园 / 034

清廉家风 周氏家族的君子风范，富养我的精神世界 / 037

共筑爱巢 婚姻的艺术，富养彼此的心灵 / 042

携手同行 志同道合，携手富养我们的未来 / 057

第三篇 富养之道：个人成长与社会责任

创业之路　艺术与梦想，富养我的事业心　/ 062

无私付出　在奉献中找到富养的深层意义　/ 074

教育之光　激发孩子潜能，富养下一代　/ 082

文化探幽　传统六艺，现代人的精神富养　/ 088

第四篇 富养之承：育儿与教育

育儿心经　在家庭与事业间找到富养的平衡　/ 096

团队协作　三孩原则，现代家庭的富养智慧　/ 105

心灵滋养　精神富养，塑造孩子的健全人格　/ 110

品格培育　德才兼备，富养孩子的全面发展　/ 130

财富与传承　家族财富的富养之道　/ 150

第五篇 富养之己：自我修养与价值实现

自我发现　在忙碌中寻找自我，富养内心世界　/ 170

智慧生活　随缘尽份，以大智养心　/ 180

美德传承　传统与现代，富养我的精神生活　/ 185

君子风范　在国画与茶道中寻找心灵的宁静　/ 192

全面富养　身心和谐，活出最佳版本的自己　/ 204

结　语

心灵之光　在精神富养中找到生活的意义与方向　/ 220

第一篇 富养之源：家风与传承

寻根问祖

我的家族故事,每个名字背后都是传奇

清晨。深夜。日升日落,开启和结束一天的工作时,我都喜欢在爱莲堂书画院一隅静守片刻。静谧的空间里,四周弥漫着淡淡的墨香,映入眼帘的是一幅幅山水画卷。它们不只是画,而是一扇扇通往故乡的神秘门户。我的故乡,一个靠海的地方——连云港。它孕育了我,是我生命的源泉。无论我身在何方,故乡的印记如同音符,永远在我的血脉中跳动。

我常常在想,我的先辈们,他们的生活是怎样的?他们的梦想,他们的忧愁,他们的欢笑又是怎样的?是否也像我一样,有着对未知的好奇和故乡的眷恋?他们的声音仿佛穿越时空,轻轻在我耳边响起:"孩子,无论你走到哪里,记得,你的根在这里。"

我这份对根源的深切萦怀,并非一时兴起。这份时时盘亘在内心的思绪和情感让我对家族的过往产生了探求的渴望。我渴望了解那些塑造了我们家族精神的往事,那些在历史长河中熠熠生辉的瞬间;我渴望与那些在时光深处依旧闪烁着智慧光芒的祖先对话。这趟寻根问祖的旅程,是我对自我认同的一次探索,是对先辈精神的虔诚追寻,是对家族历史的深深敬仰,也是对家族文化传承的一次深情致敬。

我,吴氏家族的女儿,二十世纪九十年代初期出生于江苏西北部的连云港。我家族的历史可以追溯到黄帝的后裔古公亶父执政时期。泰伯、仲雍和季历,这三位先祖的名字,如同星辰一般,照亮了吴氏家族两千六百多年的历史长河。

泰伯,他为了家族的未来,毅然削发刺字,南下吴越,让出了江山社稷。他的胸怀与气度,成就了周文王、周武王,以及周朝约八百年的辉煌。每每读到这段历史,我的心便如同被春风拂过,涌动着一股莫名的感动。古人的精神,是何等的高贵与富有,他们以舍得为富,以无求为贵,这种精神,穿越千年,至今依旧让我

心潮澎湃。

虽然时光流转,许多典故已经遗失在历史的长河中,但家族的族谱,却像一盏明灯,照亮了我们这些后人前行的道路。我为拥有这样的家族文化感到无比骄傲,它让我在现代社会的喧嚣中,始终能够找到根的认同,如同在繁星点点的夜空中,找到最亮的那一颗,指引我回家的路。

在这个快节奏的时代里,我选择了一条与众不同的路,像一个守望者,坚守着内心的宁静与执着。爱莲堂是连接过去与未来的桥梁,在这里,我用笔墨复刻历史,用色彩描绘未来。就像泰伯当年那样,为了心中的信念,我可以放下一切。

我相信,一个曾经为家族带来辉煌的人,他的精神是不灭的,会持续影响后来者。这份对家族文化的自豪感,这份对根的认同感,将一路伴我前行,成为我人生路上最宝贵的财富。

童年印象

家乡的温暖，塑造我的价值观

我是一个在连云港东辛农场长大的女孩，那里已经是一个被时代铭记的地方。在我记忆里，东辛农场这个名字，不仅仅是一个地理名词，更是一段段生动的故事，一幅幅美丽的画面。

二十世纪五十年代百业待兴，全国上下掀起了一阵建设新中国的热潮，曾是一片荒芜之地的东辛农场也在这场奋进的洪流中应运而生。东辛农场的建设是一场与自然的较量，是一场与时间的赛跑。垦荒者们面对的是盐碱土壤，是缺水的困境，是肆虐的风沙。但是，勤劳勇敢的他们没有退缩，没有放弃，他们用智慧和勇气，与这片恶劣的土地进行着不懈的斗争。

我记得，有一位老垦荒者曾对我说："那时候，我

们没有先进的机械,没有充足的水源,有的只是一双手,一把锹,一颗不服输的心。"他们用双手挖掘沟渠,用铁锹铲平土地,用汗水洗刷盐碱地。先辈们辛勤的汗水和坚韧的毅力,让这片土地焕发了生机,成为一片丰收的沃土,滋养着一代又一代东辛儿女。

东辛农场的四季,是一幅幅动人的画卷。春天,万物复苏,大地披上了嫩绿的新装,空气中弥漫着泥土和新芽的清新气息。春风轻拂,带来了生命的初现和希望的讯息。

夏天,烈日炎炎,金色的麦浪翻滚,空气中充满了庄稼成熟的香气和汗水的咸味。夏日的热风,带来了丰收的热烈和劳动的欢歌。

秋风送爽,带来了收获的喜悦和果实的甘美。那里的风,带着泥土的芬芳和岁月的沉淀,吹拂过每一片丰收的土地。在那片土地上,人们与自然和谐共生,日出而作,日落而息。那个时代,没有现代科技的喧嚣,生活简单而纯粹,人们的脸上总是挂着满足的微笑。

冬天,皑皑白雪覆盖了田野和村庄,清冷的空气中弥漫着雪的清新。接着,春节的到来打破了寂静的寒冬，家家户户贴上春联，挂上红灯笼，村子里充满了欢声笑语。我们还会舞龙舞狮、放鞭炮，祈求来年风调雨顺、五谷丰登。空气中弥漫着爆竹的硝烟，在凛冽的寒风中，村庄迎来了片刻安静，积累下岁月的沉思和对未来的憧憬。

家乡东辛农场在建设过程中，形成了一种独特的文化——犁文化。这是一种与土地紧密相连的文化，是一种与垦荒者的精神相融合的文化。犁，不仅是农具，更是垦荒者的精神象征，是他们对土地的热爱，对自然的敬畏，对生活的执着。

"犁文化"在东辛农场一代又一代的传承中，不断发扬光大。它不仅仅是一种文化，更是一种精神，一种力量，一种信仰。它激励着东辛农场的人们，无论遇到多大的困难和挑战，都要勇往直前，永不言败。

如今，每当我再次回到家乡，站在这片曾经荒芜的土地上，看到的是一片片绿油油的稻田，是一排排整齐的农舍，是一条条宽阔的道路。在这里，我看到了人与自然的和谐共生。这里已经不再是那个贫瘠的荒滩，经过几代人数十年的开垦，它已经变成了一个充满生机与

活力的现代化农场。这是一代又一代人的奋斗与梦想，我见证了一个时代的变迁与发展。这片土地，已经不再是一片荒滩，它是东辛农场人的骄傲，是他们用双手和汗水，用青春和生命，一点一滴，一锹一犁，耕耘出来的希望之地。

我生在这里，长在这里，也成了东辛农场不断发展的见证人之一。而这一切，都离不开那些垦荒者的辛勤付出，离不开他们对这片土地的深深热爱，离不开他们对"犁文化"的坚守与传承。每每看到农场与时俱进的发展，我都能感受到一代人的艰辛与奋斗，感受到"犁文化"的力量与传承。

数年来，东辛农场开垦者拾犁开荒的画面一直存留在我的脑海里。犁，象征着开垦与播种，象征着付出与收获。无论是求学还是工作，人只要拿起自己的"犁耙"，就可以开垦出一片能带来丰收的沃土。

家风印记

耕读传家，家族智慧的现代启示

我们家虽不富甲一方，但祖辈和父辈勤劳善良，他们以尊重和信任为土壤，让家里的小孩子们在自由中茁壮成长。我的勇气、胆识，对探索的渴望，对冒险的热爱，以及面对困难时的不服输精神，都是在这样的家风中，在祖辈们的言传身教下，一点一滴培养出来的。

我的爷爷，曾经是一个军人，退伍后下过乡，做过小镇的党委书记。他身上有军人的威严与刚毅、有农民的朴实、有乡镇干部的严谨，这些气质交织在一起，构成了他不怒自威而又温和的形象。因为和爷爷朝夕相处，我在对人的认识方面从小就与其他小伙伴不同，不是非黑即白的。我喜爱人的多面性，从不会单一地去认识一个人。因为人是生动的、多变的，在不同的场景

下、不同的角色里，会展现出不同的气质和性格。

爷爷的人生跌宕起伏，但他心中始终坚守着古代士大夫的精神："富贵不能淫，贫贱不能移，威武不能屈，此之谓大丈夫。"这句话，成了他人生的座右铭，也是他教导我们后辈的信条。

退休后的爷爷，依旧没有停歇。他常说："一日不作，一日不食。"这是人类从农耕时代就有的认识，人活着就是要劳作，不劳作都没有脸吃饭。爷爷直到身体不再硬朗，才清闲一些，每天起居有常，饮食有节，直到八十九岁高龄，安然离世。

我的奶奶，一位大家闺秀，曾是初中语文老师。在那个年代，这是一份受人尊敬的职业。她知书达理，温柔娴静，照顾着一家老小，同时拥有自己的教书事业。在那个时代，这样的事业女性还不多，她可谓是贤妻良母和职业女性的完美代表。

遗憾的是，父亲八岁那年，奶奶因病去世。没有母亲的童年，父亲是如何度过的，他很少提及。成为母亲后，看着孩子们明媚的笑脸，我会忍不住想起父亲的童年，没有母亲的陪伴，他是多么孤单。他那默默付出、不善言语的性格,是否与这段经历有关?我不得而知。

我的父亲,是家中的次子,既是哥哥的好帮手和好朋友,也是妹妹们的榜样和依靠。奶奶去世后,爷爷既当爹又当妈,一手拉扯他们长大,其中的艰辛自是难以言尽。但幸运的是,子女们孝顺,爷爷的晚年生活如春日暖阳,宁静而祥和。

我的母亲,性格爽朗,快言快语。她的存在就像家中的一束光,照亮了每一个角落。她开朗乐观,即使天塌下来,也能让人从她那爽朗的笑声中看到希望。我的性格,有一部分像她,尤其是随着年岁的增长,我发现自己越来越像她。母亲的那份乐观,那份对生活的热爱,也在无形中传递给了我们。她常说:"笑口常开,好运自然来。"这样的话语,总能给我们带来正能量,让我们在面对挑战时,也能保持积极的心态。

我的父母和他们的兄弟姐妹,是一大家子互相帮衬的亲人。在我童年的记忆里,我就像是一只快乐的小鸟飞来飞去,东家串西家走。在我这个小观察者眼中,我的叔伯、舅父、姑姑、姨妈,不仅是经商的高手,更是与人打交道的艺术家,他们都拥有极高的情商。

他们大多经商，做生意时，他们谨守着诚信的底线。虽是小本生意，却做得风生水起。他们对小镇居民真挚的服务态度，如同一股温暖的春风，吹拂着小镇的每一个角落。商有商道，他们几十年如一日，坚守着诚信的原则，即便市场上没有竞争对手，也绝不乱涨价，绝不出售劣质产品，始终注重商品的品质。

我在这样的家族环境中长大，深知"诚信"不仅是做生意的基石，更是为人处世应该具有的一种品质。随着时间的流逝，以诚为本的修养和品德，成为我们家族家风的一部分。

如今，我也已经长大成人，拥有了自己的事业。在这个物欲横流的社会，诚信似乎变得越来越稀缺。我深知，无论走到哪里，无论做什么，都不能忘记长辈的教诲，不能忘记诚信的重要性。我坚信，只有坚守诚信，才能赢得人心，才能在商海中乘风破浪，才能在人生的道路上走得更远，走得更稳。

以诚为本，是我们家族的金字招牌，如今，也是我人生的座右铭。

榜样力量

父辈的言行,我的人生导航

    我的父亲和母亲,他们和那个时代大多数的父母一样,简单的两床棉被放在一起,就开始过日子了。他们在东辛农场这样的环境中,用勤劳的双手,耕耘着那片土地,同时也养育着我和弟弟妹妹。

    在那生活艰难的岁月中,面对没有水利设施、水患频发、广种薄收的困境,我父亲那一辈的垦荒者们没有退缩,他们用双手,一锹一锹地挖掘,一担一担地挑水,一寸一寸地改良土壤。我还记得,每当夜幕降临,父亲和工友们围坐在篝火旁,讲述着一天的辛劳与收获,他们的眼中,闪烁着对未来的希望。那希望里,还有他的妻子和他们的三个孩子。在农场岁岁年年垦荒的日子里,父亲在与自然的较量中练就了一身干农活的

本领。

在那个农场小镇里,父亲总是乐于助人,每当邻里需要帮忙修理东西时,他总是笑呵呵地去帮忙,不多时便能修好。父亲待人有礼,会用犁耙,懂得看天象,知道地理,还能拆装机械。在小时候的我看来,父亲高大伟岸,无所不能。虽然他每天辛苦劳作,但他总是乐观向上,心中有梦想。记得父亲常站在田边,望着远方的地平线,就像在望着他的梦想和希望。他告诉我,要像君子一样,有礼有节,有知识,有技能。

现在回想起来,父亲的身影就是我对那个小镇的温暖记忆。他用自己的行动,教会了我什么是真正的品格,什么是真正的君子。他的生活虽然平凡,但他的品格和梦想却像那不落的太阳,永远照亮我前行的路。如今,父亲年纪大了,体力已然不如当年,但依旧是农活上的一把好手。他修农具时那专注的眼神,挑选种子时那细致的动作,看着禾苗生长时那满足的微笑,就像在对待自己的孩子。他对生活的热情,如同他那双勤劳的手,不停地劳作,从未停歇。即便如今与我们同住,他那双布满老茧的手,依旧在土地上翻飞,种出的健康蔬菜、瓜果,是我们餐桌上的"常客"。

父亲与人为善,常将自家的菜分给邻里,社区的老人们提起他,总是赞不绝口:"那个会种菜的老头儿,种出来的菜真是水灵得很啊!"他常对我们说:"自己照顾好自己,不给儿女添麻烦,也不让自己受苦。"无论是身体上的苦,还是精神上的苦,父亲都会以一颗欢喜的心去面对,每一天都活得有滋有味。

父亲和母亲的生活是简朴的,尽管我们的生活条件已远胜往昔,但他们依旧节俭,从不铺张浪费,能自己种的菜就自己种。他们平日里乐善好施,对人大方。与人相处时,他们总是先人后己,乐于助人。他们对待工作的态度也十分认真,他们从开始工作到退休,几乎从未迟到早退,哪怕是最微小的事情,也从不敷衍了事。这些琐碎生活中的点滴小事,我们做儿女的看在眼里,默默记在心中。他们的待人接物,面对问题时所采用的解决方式,总能做到由己推人。"克己,慎独,守心,明性。以克人之心克己,以容己之心容人",这是《礼记·中庸》中的一句话。在我看来,这种处世之道早已在与父母的朝夕相处中,潜移默化地传递给了我们姐

弟仨。

父亲常说："人活一世，草木一秋，要活得有意义，就要有担当，有爱心。"他的话语简单却深刻，如同他的生活哲学，影响着我们每一个家庭成员。他用自己的行动诠释了什么是责任，什么是奉献，什么是家风。

我们家勤奋简朴、与人为善、诚实守信的家风，就是这样在父母的言传身教中，一点一滴地传承下来的。它不仅仅是一种生活方式，更是一种精神，一种力量，让我们在人生的道路上，无论遇到什么困难，都能勇敢地去面对，去克服。这种家风，是我们最宝贵的财富，也是我们最坚强的后盾。

我记得有一次，父亲在田间劳作时，一位邻居急匆匆地跑来，手里拿着一件破损的农具，焦急地寻求帮助。父亲二话没说，放下手中的锄头，接过对方的农具，仔细查看后，便开始动手修理。他的动作熟练而细致，每一个螺丝，每一个焊接点，都细细检查并修好。不一会儿，那件农具就像新的一样。

邻居感激地连连道谢，想要给予报酬，但父亲只是微笑着摆摆手说："邻里之间，互相帮助是应该的，不必客气。"这样的情景，在我成长的岁月里，无数次上演。父亲的言行，就像是一本活生生的教科书，教会了我什么是诚信，什么是助人为乐。

母亲也是如此，她总是能以乐观的态度面对生活。记得有一次，家中的鸡不小心飞到了邻居的菜园里，踩坏了一些蔬菜。母亲知道后，立刻带着我，拿着一些自家种的蔬菜，去邻居家道歉，并赔偿损失。她这种勇于承担责任的行为，深深地影响了我。

在这样的家风熏陶下，我也渐渐学会了诚信和守责。无论是在工作中，还是在生活中，我都尽力做到诚实守信，对待每一个人都充满真诚和善意。我知道，这些都是父母给予我的宝贵财富，是我一生的财富。

我会将这种优良家风，这种诚信的品质，继续传承下去，让它成为我人生的指南针，引领我走向更加光明的未来。也只有这样，我才能无愧于父母，无愧于自己。诚信经营，传承优良家风，这是我一生的追求，也是我永远的信念。

我朴实的父母亲还用他们的言行教会了我另一个深刻的道理——惜福。这不仅仅是一种生活态度，更是一

种对生命恩赐的感激和珍惜。

记得小时候,家中虽不富裕,但父母亲总是教导我们要节约而不吝啬,大方而不奢靡。我常听他们讲述一个关于地主的故事,故事中的地主是一个吝啬鬼,吝啬到连自己的儿子都不愿意给一口水喝。这个故事虽然滑稽,却也讽刺了那些过于吝啬的人。在我家,惜福是一种智慧,是一种对生活的深刻理解和尊重。

在那个物质并不丰富的年代,我的父母亲始终支持我的绘画爱好。他们知道,艺术是我心中的一片净土,是我灵魂的慰藉。尽管这样的支持让我们家的积蓄一直不那么充盈,但为了我的兴趣,他们毫无怨言。父母的那份爱与支持,让我感受到了什么是无私,什么是奉献。

最让我感动的是,他们总是对自己节约,但对我们却总是那么大方。他们教会了我,真正的惜福是对他人慷慨,对自己适度节制。他们的内心是光明的,他们的生活是充实的。

我还记得,我二姨曾给我讲过一个小故事,说的是范仲淹一生清廉,家中却常备有余粮。每到灾荒之年,他总是慷慨解囊救济灾民。他说："吾家虽贫，但有余粮，岂能坐视百姓饥寒？"这个故事深深触动了我，让我明白真正的富有不是拥有多少财富，而是拥有一颗慷慨的心。

母亲也是一个惜福的人。她总是教导我们："一粥一饭，当思来之不易；半丝半缕，恒念物力维艰。"她让我们珍惜每一份食物，每一件衣物，因为这些都是大自然的恩赐，都是劳动者辛勤付出的成果，都是来之不易的。

在这样的家风熏陶下，我也渐渐明白了要"惜福"。无论是在学校，还是在生活中，我都尽力做到节约而不吝啬，大方而不奢靡。我知道，这是一种生活的智慧，是一种对生命的尊重。

如今，我也已经长大成人，有了自己的事业。我想，我的父母和长辈们，他们就是这样的人。他们的生活，他们的态度，他们的爱，都将成为我人生旅途中最宝贵的财富。在我的心中，父母就像是一座灯塔，无论我走到哪里，无论我遇到什么困难，只要想到他们，我的心中就会充满力量，就会找到前进的方向。他们的教诲，他们的爱，就像是一道光，照亮了我人生的每一个角落，让我懂得了什么是真正的惜福，什么是真正的生活。

就像王阳明先生所说："此心光明，亦复何言！"我想，我的父母，他们就是这样内心充满光明的人。他们用自己的生活，用自己的态度，用自己的爱，照亮了我前行的道路，让我知道，只有懂得惜福，才能真正拥有幸福，才能真正拥有充实而有意义的人生。

追梦无悔

选择教育，追随内心的呼唤

在我们那个小镇，我家算是有点读书人的味道。奶奶和二姨都曾是老师，爷爷虽然不是老师，但也是那个时代少有的能读书识字的人，他喜欢给我讲古时候的故事，教我做人的道理。我儿时的启蒙，离不开这些长辈的引导，他们总是耐心地教我读书识字，让我从小对学校和学习充满了兴趣。受到家里人的影响，我对教书育人这事儿特别有好感。

进入小学后，因为启蒙得早，学习对我来说，就像在田里捉蝌蚪一样轻松。我当过班长，也当过大队委，总是积极参加学校的各种活动。我的小脑瓜里总是装满了各种稀奇古怪的想法。学有余力的同时，我也乐于帮助其他同学。放学回到家里，我带着弟弟妹妹用小树枝在墙上写写画画，教他们画画、认字和朗读，做着大人们曾经做过的事情。那时候，我并没有想到，这些简单的游戏，竟然会是我未来的事业。

学生时代的生活总是很难忘的。我仍然记得，每当放学的钟声敲响，同学们像一群欢快的小鸟，叽叽喳喳地飞出教室，我却喜欢留在那间充满阳光的教室里，用粉笔在黑板上面勾勒出一个个数学公式，为那些学习上有困难的同学解惑。那时候，我虽然还只是个小学生，但已经能感受到传授知识的乐趣。

有一次，老师让我在全班同学面前讲解一道数学题。我站在讲台上，看着下面一双双好奇的眼睛，心里既紧张又兴奋。我用尽我所有的智慧，把那些复杂的数学问题，讲得像故事一样生动有趣。当我看到同学们脸上露出恍然大悟的表情时，我感到无比满足和自豪。

渐渐地，我开始意识到，教和学是两件完全不同的事。学习，是一个人独自探索知识的海洋；而教学，则是要把自己心中的宝藏，用别人能理解的方式展现出来。这需要更多的耐心、更多的智慧和更多的技巧。

我开始尝试不同的讲解习题的方法。有时候，我会用生动的例子来帮助同学们理解抽象的概念；有时候，我会组织小组讨论，让同学们在交流中碰撞出思想的火花；有时候，我会设计有趣的游戏，让同学们在轻松愉快的氛围中学习。

我发现，不断给他人答疑解惑，不仅帮助了别人，也让我自己的理解更加深刻。当我试图去解释一个概念时，我必须先彻底理解它，然后才能找到合适的语言和方法将它表达出来。这个过程让我对知识有了更深入的思考，也让我对教育有了粗浅的认知——它并不简单。

和大多数人一样，我按部就班地学习、参加考试，临近高中毕业，需要有专业方向的选择。那时候我心里已经有了目标——老师，这个职业我应该可以做好。家里是有传承的，他们教给我的，不光是书本上的知识，更多的是做人做事的道理。我觉得，如果我也能像他们一样，把自己懂得的东西教给别人，那应该也是一件美好的事情。所以，选择师范专业，对我来说是顺理成章的事。家里人的支持，让我更有信心走好这条路。

在师范学校，我学了不少教育领域的专业知识。通过系统而又全面地学习，我了解了教育学不仅是门学问，还是门"手艺"，它需要不断实践，不断修正，才能针对接受教育的人制定出适宜的方法。这让我想起了我的父亲，想起了那"犁"，想起了那片盐碱地。毕业后我到小学任教，在教学过程中，我尝试理解孩子们的想法，也尝试将难懂的知识转化为他们能理解的"信息"，以此来启迪、帮助他们学得更好，还学了"五花八门"的学科基础知识，这期间，我依旧在绘画上投入不少时间和精力，我尤其喜爱和擅长画荷花。

我知道，当老师不是个轻松的活儿，得有耐心，得有爱心，还得有责任心。但我不怕，因为我喜欢和孩子们在一起，喜欢看着他们一天天进步，喜欢他们因为我的引导变得更好。

如今，回想起那段时光，我感到无比怀念和感激。那是我教育梦想开始萌芽的阶段，是我对教书育人有了初步认识的时期。那些在教室里"授课"的日子，那些帮助同学解决问题的时光，都深深地烙印在我的记忆里，成为我人生中宝贵的财富。

我感谢那段经历，它让我体会到了教育的魅力，也让我明白了自己的使命。我相信，无论将来我走到哪里，无论我从事什么样的工作，我都会带着对教育的热爱，去影响更多的人，去滋养更多的心灵。因为我相信，教育，是这个世界上最美好的事业。

第一篇 富养之源：家风与传承

第二篇 富养之侣：爱情与家庭

邂逅爱情

命中注定的相遇，富养我的情感生活

我的朋友们曾问我，像我这么理智的人，也会被爱情冲昏头脑吗？是的。我想说的是，如果你没有发过昏，那是因为你没有遇见对的人。

我和我的先生——周建强的相遇，颇具偶然性和戏剧性，就像是命中注定。现在想来，我不得不感叹，人与人之间的缘分，真是妙不可言。

我们相遇在那个夏天，似乎是冥冥之中有一条线将我和他牵引在一起。就像那些古老的故事里所写的奇异动人的相遇一般，缘分总是那么神奇，让人无法预料。

那年，我家种了一大片西瓜，瓜熟蒂落时，满地都是圆滚滚的大西瓜。家里的西瓜产量大，卖瓜成了我们全家人的大事。我放了暑假没有再去打工，而是急匆匆赶回家帮忙。看着父母每天在瓜田里辛勤劳作，汗水湿透了衣衫，我心疼极了。如果错过最好的时机，西瓜的销量会大受影响，而且西瓜不能久放，必须尽快卖出去。

为了尽快卖出西瓜，我们全家都出动了。父母负责送货，弟弟妹妹在瓜田里看摊，而我则在一个人来人往的路口摆了个摊，大声吆喝着卖瓜。

在我的吆喝声中，有一个人慢慢向我这边走来。他就是周建强，一个来自上海奉贤的男人。那时候，他被公司派到连云港负责一个项目。每天中午休息的时候，他都会出来逛逛，偶然走到了我的摊位前，买了一个西瓜。我当时并没有太注意他。

但是，接下来的几天，他每天都会在固定的时间来我的摊位买一个西瓜。我渐渐开始留意起他来。我是个喜欢社交的人，每次他来买西瓜，我都会热情地和他聊上几句。

时间一长，我们的聊天内容也丰富起来，从"今天天气不错"，到"你是做什么的，家在哪里"，再到今天遇到的有趣的人和事。我俩常常一聊就是一个中午，以至于后来他甚至被人误以为是和我一起卖西瓜的。

每天中午的那两个小时,好像成了我们两个人的约会时间。我开始期待每天中午的到来,期待和他聊天。就这样,周建强慢慢走进了我的生活,走进了我的心里。

就在那个夏天,就在西瓜摊前的吆喝声中,我和周建强的故事悄然开始。我们加了微信,在彼此不忙的时候偶尔聊上几句。我能感觉到我们对彼此有微妙的好感,但谁也没有主动迈出那一步。那时,我还是个学生,未来充满不确定性;而他,只是我西瓜摊前的一位过客,甚至对连云港这座城市来说,也是个过客,不知道会停留多久。我们之间还有着年龄和地域的鸿沟,他是70后,而我是90后,我在小镇,他在上海……现实的种种问题,让我们没有再进一步。

然而,当爱情悄然来临,似乎没有什么困难能够阻挡我们。

在我忙于毕业和找工作的那段时间,我们几乎失去了联系。当我找到工作后,我兴奋地将这个好消息分享给他。后来他告诉我,他看到我的消息后,心中涌起了难以言说的落寞。

站在人生的重要十字路口，我那爱冒险的精神再次显露无遗。在我想要孤注一掷时，我理性的一面站了出来，内心的两个小人开始对话。

"我想要主动迈出这一步，是不是太过冲动？"

"冲动？不，这是你内心深处的呼唤。你的成长过程让你很清楚地知道，你是需要一个人生伴侣的。"

"是的，我不是不婚主义者。但，我该如何选择？"

"你喜欢他什么？"

"他是那种典型的70后，沉稳、踏实，像一座大山，无论风吹雨打，都能岿然不动。他有那一代人特有的坚韧和毅力，面对困难和挑战，从不轻言放弃。"

"这样的他，让你有安全感，是吗？"

"是的，他对待工作一丝不苟，每一个细节都要反复推敲，力求做到最好。他的这种敬业精神，让我由衷地敬佩。"

"他的善良，你又怎么看？"

"他是一个非常善良的人。他总是乐于助人，对待身边的人都充满了关爱和体贴。他的善良不是那种表面的客套，而是发自内心的真诚和善意。"

"这样的他，让你感到温暖和安心，对吗？"

"对，他的善良让我感到非常温暖和安心。"

"那么，你呢？你是一个典型的90后，充满了冒险和探索的精神。"

"我热爱自由，渴望未知，总是充满了好奇心和求知欲。我喜欢挑战自我，追求创新，不愿意被传统和规则束缚。"

"你的这种性格，让你在生活和工作中总是充满活力和激情。"

"我也是一个非常感性的人。我容易感动，容易受伤，对情感非常敏感和细腻。"

"你的感性，让你在面对人生的起起落落时，总是能够保持一颗柔软和感恩的心。"

"是的，我的感性，让我能够从平凡的生活中发现美和感动。"

"那么，你准备好了吗？去迎接这个人生的伴侣，去拥抱这个充满未知的未来。"

"我准备好了。因为我知道，无论未来如何，我都会用我的心去感受,用我的理性去选择,用我的爱去生活。"

于是,我找了一个借口,对他说,我想去上海,想去更大的世界看看。他收到消息后,开心得几乎要跳起来。在他看来,这句话就是希望。他立刻回复我表示支持。

我们两个人的性格虽然有很大的差异,但正是这种差异,让我们彼此吸引,彼此欣赏。他的沉稳和坚韧,给了我安全感和依靠;我的感性和热情,给他的生活带来了活力和色彩。他的善良和真诚,让我感到温暖和信任;我的冒险和探索精神,给他的世界带来了新鲜感和惊喜。

就这样,我们的故事在那个夏天的西瓜摊上悄悄萌芽,又在后来的日子里慢慢生长,最终开出了美丽的花朵。

家族融合

两个世界的结合，共创富养家园

那一次简单而纯粹的相遇，像小镇上那条蜿蜒的小河，终于汇入了更广阔的大海。我们的未来，虽然还有许多未知，但我相信，只要我们手牵手，就没有什么是不可能的。

在踏上去上海的路之前，我们坐下来认真谈了谈。既然我们都认定了彼此，也坚定了结婚的信心，那就没必要再躲躲闪闪，猜来猜去了。我们聊了去上海后的日子怎么过，我要找什么样的工作，家里怎么布置，孩子什么时候要，双方父母的养老问题，等等，凡是跟家有关的事，我们都聊了个遍。

经过一番长谈，我们发现彼此的价值观一致。就算有些想法不一样，也能互相迁就，有时候需要让步，那就让一步。古人说的"相敬如宾",应该就是像我们这样吧。

确定关系后,我和父母也好好谈了一次。从小到大,无论我想做什么,父母总是支持我。但这回,大女儿要远嫁,他们心里自然是不舍和担心的,怕我嫁得远了不幸福。毕竟上海对他们来说,实在太远了,想见我一面都不容易,一年半载可能都见不上一面,相隔千里,他们无法知道我过得怎么样。他们担心我嫁过去会受气,那边没有亲人,遇到事都得自己扛……我能理解他们的担心,毕竟天下父母都希望儿女能幸福。

但我已下定决心,找到合适的伴侣不容易,我得勇敢迈出这一步。再说,等父母退休了,我可以接他们去上海一起生活,他们的养老问题也就解决了。作为家里的老大,我得担起孝顺父母的责任。这么一想,我心里也踏实了,父母和弟弟妹妹也都放心了。

我决心前往上海还有一个原因,就是我也不想一辈子就这么待在小镇上,朝九晚五,过着一眼就能从二十多岁看到六十岁的生活,那样的日子虽然安稳,但不是我追求的生活。我总觉得,人生还有更广阔的天地等着我。亲戚朋友都劝我，我虽知道他们都是出于好意，但心里却有些不服气，觉得他们小看我了。

除了爱情的召唤，我的梦想也在向我招手，等着我去实现。开明的父母最终还是支持了我的选择，他们说，无论何时想回来，这个家永远欢迎我。父母的爱和包容，给了我走出去的勇气。

清廉家风

周氏家族的君子风范，富养我的精神世界

我辞去了小学老师的工作，与校长、同事和孩子们一一道别。他们眼中流露出的惋惜之情，仿佛是春雨过后的花朵，湿润芬芳而又带着些许悲哀。他们认为我的教学理念和风格，如同秋日的果实，成熟而甜美；认为我未来必将成为教育园地里的一棵参天大树。面对他们这份真挚的不舍之情，我心中虽有遗憾，却也明白，人的成长，便是在不断的选择与放下中完成的。

在这里，我不得不说，我和我先生，用现代的话说，是"双向奔赴"。他在上海的家中，早已为我准备好了一切，只等我的到来。我带着对陌生环境的好奇和一丝不安，离开了家乡，来到了他的身边。

我们两个人，从未共同生活过，面对的不仅是外在的生活习惯和饮食习惯的差异,还有更深层次的,内在三观的差异。这让我想到了古人的智慧,他们主张成亲的男女双方应该"门当户对",认为"家和万事兴"。婚姻,这个看似简单的词汇,实则蕴含着无尽的复杂。两个人结婚不仅仅是两个人的事,更是两个家庭的结合,需要深思熟虑。

当你决定与某人步入婚姻的殿堂,你选择的不仅是他,还有他的家庭,他的一切过往与未来。其中,情感只是基础,更深层次的是两个家庭的传统、文化、习俗,甚至是两家人的价值观与世界观的磨合与交融。两个家庭的结合,是物质的联合,更是灵魂的融合。

在我看来,门当户对不仅是物质条件相当,更重要的是内在价值观一致。

我的周先生,就让我这样称呼他吧,在我们确立了恋爱关系后,我才逐渐了解到,他竟是北宋理学大家周敦颐的第三十六代嫡孙。那篇《爱莲说》,曾让无数学子为之倾倒,也同样深深影响着他。他在诗词歌赋的海洋中长大,家中长辈也常以书法、绘画来交流情感。在这样的家庭氛围中,他自然也对书画和中国传统文化有着浓厚的兴趣。

他曾对我说，小时候的他可是个不折不扣的淘气包。那时候的奉贤区还没有今日这般工业化，和我们小镇一样，有着广袤的庄稼地、菜地和果园。他就是个孩子王，领着一群小伙伴四处探险，偶尔也会闯入别人家的田间地头，在其中追逐嬉戏，结果可想而知，总会给人家的庄稼带来不小的损害。好在乡里乡亲的，大人们也不会真的责怪，最多不过是发几句牢骚。

我的公婆都是非常淳朴的人。公公喜爱书画，常年研习书法，过着闲时挥毫泼墨的文人生活。婆婆勤劳利索，张罗着家里大大小小的事，为了全家能吃上健康的蔬菜，每天都会在菜园里劳作。他们的身体和心态都很健康，也让我们做儿女的能够全身心投入事业中，没有后顾之忧。

据周先生说，每次他的父母得知他和伙伴们毁坏了乡亲们的庄稼后，都会坚持让他去道歉。那时的他，年少气盛，认为自己并非唯一犯错的人，不愿独自承担。他倔强地说，如果要道歉，那么所有参与的孩子都应该去。他的父母却告诉他，只需管好自己，自己做错了事，就该自己承担，不必牵扯他人。最终，在父母的陪同下，他去给乡亲们道了歉，并赔偿了一些损失。

这件事，让我看到了他的家教，也看到了他的担当。他的父亲还一直培养他"出淤泥而不染，濯清涟而不妖"的品性，教导他要成为正直、坚韧、清廉、洁身自好的人。古人云："修身齐家治国平天下。"他从小在这样的教育下成长，自然明白个人责任的重要性。这样的品格，让我对他更多了几分敬意和爱意。我相信，有着这样家风的他定能与我携手，共同营造一个温馨和谐的家庭。

这件小事，他一直铭记在心，如同一颗种子，随着岁月的流逝，慢慢在他心中生根发芽。从最初的不解和抗拒，到后来的理解和领悟，他渐渐明白了"揽过归己"的深意。这不仅仅是一种豁达，更是大丈夫的磊落与担当。

在这个世界上，许多孩子在学会承担责任的路上跌跌撞撞，不少成年人也常常在这门功课上不及格。他们总是希望功劳归自己，过错给他人，这便是所谓的"揽功推过"。然而，我的周先生并非如此。他身上有一种难能可贵的品质，愿意主动承担责任。这种品质让他在人生路上走得更远，事业上也得到了许多贵人相助。

他的这种品质，已经成为他处世的一个原则、一种风范。古人云："勿以恶小而为之，勿以善小而不为。"正是生活中的这些小事，塑造了他的品格，让他在小事中见修养，在平凡中显伟大。这种品质，需要父母的悉心教导，更需要自己的不断反思和实践。

古人将这种品质称为"德"，正所谓"厚德载物"，德行越是深厚，越能承载更多的责任与使命。我的周先生，正是以这样的德行，赢得了周围人的尊重与信任，也让我对他充满了敬意和爱慕。

他的故事，就像一段历史的缩影，让我看到了一个男子汉的成长与蜕变。在这个纷繁复杂的世界里，他用自己的行动诠释着"德"的内涵，用自己的肩膀扛起了家庭和事业的重担。

第二篇 富养之侣：爱情与家庭

共筑爱巢

婚姻的艺术，富养彼此的心灵

婚姻是一幅细腻的水墨画，需要夫妻双方共同细心描绘。

在上海奉贤，我面临的第一件事，是融入他成长的环境和家庭。周氏家族的家风传承和家教，让我深刻体会到了"家和万事兴"的真谛。我和周先生像两条小溪，在共同的价值观和生活目标的指引下，从各自的山谷出发，在婚姻中汇聚，最终成为一条宽广的河流。

2016年，熟悉周氏家族的家风和家教之后，我如同一位穿越时空的行者，正式步入这个家族，成为其中的一员。

我们的婚姻，从登记到婚礼，都是周先生一手操办的。公婆、家中的叔叔、姑姑等长辈，也都在为我们操心。在筹备婚礼的过程中，两个家庭的距离逐渐拉近，大家都是为了下一代的幸福生活而不辞辛劳。备彩礼、买东西、看日子、定时辰，每一个细节都凝聚了家人的心血。婚礼现场的仪式流程、人员安排、对来宾的照顾等等大事小事，虽然复杂，但有了亲戚们的帮忙，一切都能顺利完成。我们一直保存着婚礼现场的视频，那是我们的宝贵记忆。

婚后细想，如果在当时的婚礼上加上一段古代婚礼的仪式，或许会更好。我一直很庆幸我们很多传统的礼仪还保留着，它们虽然没有文字记录，却被一代又一代人口口相传，留存至今。这些仪式看似烦琐，但其背后是两个人、两个家庭对婚姻的重视，是长辈对下一辈的期许。整个婚礼筹备期间，人与人之间的连接，彼此的祝福、感恩，甚至对祖先的祭祀、祈求祖先的保佑，都很有意义。在以后的日子里，无论是父母的生日、孩子们的生日，还是大小节日，这些仪式让原本寻常的日子变得充满意义，因为有这些仪式，全家人的心更加牢固地凝聚在一起。

从恋爱到步入婚姻的殿堂，对于组建家庭，我更多了一分敬重,因为我明白了家不仅仅是一个温暖的港湾,更是一种责任和传承,是"上孝下教"的担当。

我们两个人的三观一致,或许是因为我们都深受家庭文化的熏陶。我来自农场,是田野间自由奔跑的孩子;而他,是北宋理学大家周敦颐的后裔,深受以诚为本、立德正己这一观点的影响。我们虽然来自不同的世界,但对感情和家庭的理解是一致的,我们都认为,两个人相爱不是相互占有,而是彼此尊重,相互支持,彼此成就;让各自在自己的爱好里发挥潜能,成为更好的自己;爱事业也会兼顾家庭,在大爱小爱里,看见自己的价值。深层的价值观的契合不仅仅让我们从相识到相爱,更让我们在婚姻里走得更远、更幸福。

每个人都是不完美的,需要在成长过程中不断发现缺点,并不断改正。婚姻,是一场自我修行的旅程。正如《道德经》所言:"知人者智,自知者明。"我们只有多点耐心去改正自己的缺点,同时接纳对方的不完美,才能让生活幸福和谐。

保持独立,这是婚姻中不可或缺的一部分。纪伯伦在《论婚姻》中写道:"彼此相爱,但不要让爱成为束缚，让爱成为奔流于你们灵魂海岸间的大海。"我非常认同这样的婚姻观。婚姻是两个独立个体的结合，是为了共同奔向更加美好的生活，是为了比一个人生活更加幸福，是为了比一个人更能抵抗风险。在这个过程中，我们首先要明白，婚姻中的两个人是独立的，不是一方依附于另一方，也不是一方控制或要求另一方。我们都要为这个家尽责，为这个家贡献自己所有美好的品质和优点。

互赠面包和美酒，意味着夫妻二人要互相给予、彼此付出，而不是只知道索取。无论是在物质上还是精神上，我们都应该相互支持，共同成长。一起欢歌曼舞，意味着两个人要互相配合，哪怕性格不同、爱好不同，但可以一起跳舞，我进你退，我退你进。这样的相处之道，不是冲撞和拉扯，不是猜疑和犹豫，更不是剑拔弩张。家，不应该是一个战场，而应该是一个充满爱的避风港。

婚姻中的夫妻相处，不是为了争对错。在我们家，这句话常常被提起。有一次，晚饭后，我和先生坐在阳台上，看着窗外的星空，我有感而发："你看，星星多亮啊，就像我们的婚姻，虽然有时候会有乌云，但星星总会亮起来。"

先生笑着回答："是啊，星星不会因为乌云而失去光芒，我们也不会因为一时的争执而失去彼此。"我们相视一笑，仿佛所有的不快都随风而去。

很多夫妻为了争对错，斤斤计较，不依不饶，非要把别人说得哑口无言才罢休。尤其是有的人，从不审视自己，一旦看到他人的小毛病，就如同抓到宝一般喋喋不休地嘲讽半天。古人言"知错能改，善莫大焉"，又言"吾日三省吾身"，这些充满了智慧的话，提醒我们要有自知之明，有错便改。在婚姻的旅途中，我们要学会宽容与理解，共同成长，共同进步。

有一次，我和先生因为一件小事发生了争执。我忍不住翻起了旧账，先生却平静地说："我们不是在比赛谁记得的更多，而是要一起向前看。"他的话让我顿时醒悟，我意识到，婚姻不是战场，而是我们共同构筑的家园，是爱栖息的地方。

在婚姻中，我们要学会放下争执，学会倾听和理解。古人云："和为贵。"和谐是婚姻中最宝贵的财富。

我们要像呵护一朵花一样呵护我们的婚姻，让它在风雨中也能绽放出最美的姿态。我们还要学会欣赏对方的优点，包容对方的缺点。金无足赤，人无完人，每个人都有不完美的地方，但正是这些不完美，让我们更加真实，更加可爱。

《围城》中有一句话大家都耳熟能详："（婚姻）是被围困的城堡，城外的人想冲进去，城里的人想逃出来。"没有步入婚姻的人渴望步入婚姻的殿堂，结婚之后的人又斩钉截铁地说婚姻是爱情的坟墓。但是，婚姻真的是围城吗？

事实到底如何，众说纷纭。但我可以很负责任地告诉大家，好的婚姻一定不是围城。所谓围城，其实是两个人不断添砖加瓦垒成的。而好的婚姻，也并不是指两个人从未有过任何嫌隙，而是两个人尽管有摩擦，却愿意为了彼此进行有效沟通，共同将两个人中间的墙推倒。因此说，有效沟通，是婚姻中不可或缺的纽带。

记得有一次，我和先生在书房里，我在翻阅一本古籍，先生则在研究一幅地图。我们沉浸在各自的世界中，却又不时交换着彼此的发现。

"你看,这里记载了古代的礼仪,真是讲究啊。"我指着书中的一段文字对先生说。

先生放下手中的地图,走过来,认真看着书,微笑着回答:"是啊,古人讲究礼仪,其实也是一种沟通的艺术。"

每个人都是独一无二的个体,想要两个人绝对合适、完美契合,那是不可能的。你有你的想法,我有我的观点;你有你的情感,我有我的个性,不合适不可怕,可怕的是没有尊重与接纳,没有积极有效的沟通。

《荀子》里面有这样一句话:"与人善言,暖于布帛;伤人之言,深于矛戟。"意思就是说,对别人说友善的话,会让对方如沐春风,比穿上布衣丝服还要温暖;而对别人恶言相向,则会使对方受伤,这种伤比矛戟刺得还要深。夫妻间相处亦是如此,话语既能温暖人心,也能伤人于无形。无论夫妻还是情侣,都需要把握好沟通的分寸与方法。

我和先生约定了几项沟通的基本原则,也分享给诸君。

一是，有商有量。

很多夫妻为什么会有矛盾？其实就是有些事情不与伴侣商量，独自就做好了决定，无论这个决定是否正确，其实这种做法已经挑起了双方的矛盾。尤其我们两个人还是一起创业的伙伴，这方面需要特别注意。家里的决定影响的是小家，企业的决定影响的是员工和客户。所以，我们两个人的沟通，可能比普通的夫妻更为重要。

记得有一次，我们计划去旅行，先生提议去海边，我则想去山里。我们没有急于做决定，而是坐下来，一起讨论各自的计划，分享各自的想法。

"海边可以放松心情，山里则可以呼吸新鲜空气。"先生说。

"是啊，我们可以先去海边放松，然后去山里徒步。"我提议。

经过商量，我们最终决定了一个既能放松又能探险的旅行计划。

有人说，爱人之间最大的安全感，就是凡事有交代，处处有回应，有事好商量。家里再小的小事，也需要有商有量，况且家事无小事。我有一个女性朋友经常直接安排伴侣跟她去父母家吃饭，不问伴侣是否有时间，这就属于"独断专行"，对伴侣来说就是一种不尊重，以这种模式相处下去，久而久之，婚姻很难不出问题。

真正良好的沟通是，遇到事情、遇到问题两个人一起商量，充分考虑双方的意见，做出最优决定。比如，"孩子要学跳舞了，你觉得去哪里比较好？""你觉得晚上我们去哪边吃饭好呢？"……事无大小，多问问对方的意见，让对方感受到被尊重、被需要，再心平气和地商量沟通，一切都不是难题。只有敞开心扉交流，才能敲开彼此的心房，也只有这种和谐融洽的关系，才能让夫妻间的感情更好。

二是，互相赞美。

每个人的内心都是渴望得到赞美的，无论男女老少，没有人不会被真心诚意的赞美所触动。尤其是对孩子，更需要赞美。我们学校的老师教孩子，都是以赞美为主，先让孩子有信心，再去指出错误并加以指导。我们大人也是如此，听到真心诚意的赞美也会开心，如沐春风。

记得有一次，先生为我做了一顿丰盛的晚餐，我忍不住赞美他："亲爱的，你做的鱼真好吃，我现在去外面吃饭都不点鱼吃了，因为我觉得都没有你做得好吃。"

先生听了，脸上露出满足的笑容："只要你喜欢，我天天给你做。"

赞美对于夫妻来说，也是一种高级的认可，在感情里，积极热情的赞美，大方用心的夸奖，就是感情最好的催化剂。

三是，闲谈不烦。

我总说我和先生相敬如宾，举案齐眉。我们经常闲聊。生活里的烦恼、工作上的小成就、日常的小八卦，我们都会与对方分享，甚至一天不分享就会感觉不自在，下意识就会把好看好玩的东西分享给对方。

一天，我们在阳台上喝茶，看着远处的落日，先生突然说："你看，那落日多美啊，就像我们的生活，虽然有起有落，但总是美好的。"

我点头赞同："是啊，有你在，每一天都是美好的。"

夫妻之间就是要这样，多一些闲谈，甚至多说一些

"废话"，关系才能更亲密，感情才能更深。如果什么都不说，感觉没必要，时间长了，就会越来越不想说。还有每天睡觉前，互相说一句感谢的话、鼓励的话，都会让人觉得温暖。

生活就是琐碎的，但有人愿意听我说，愿意和我分享，我也能从中发现有趣之处。我们两个人常常一起品茶，品茶的妙处就是能让人静下心来，再聊一些闲事，平淡的日子也非常美好。

四是，注重仪式。

我先生非常注重仪式感，大大小小的节日都会有所表示，哪怕只是送一束花，也让我感觉到自己被爱着。

去年我过生日时，先生为我准备了一个惊喜。当我回到家，看到满屋子的蜡烛和鲜花，还有先生亲手做的蛋糕，我感动得热泪盈眶。

"亲爱的，谢谢你，这是我过得最开心的一个生日。"我紧紧抱住周先生，感受到他身体的轻微颤抖，这让我意识到，他内心也是激动的。他的声音里带着一丝激动，也充满了温柔和喜悦，"亲爱的，你让我感到非常幸福。"他的回答中透露出一种难以言喻的情感，我能感觉到他心跳加速，他的气息在我耳边轻轻拂过，带着一丝羞涩。

我松开他，抬头看向他，才发现他的脸上挂着温柔的微笑，眼中闪烁着喜悦的光芒。他的眼神中透露出对我的深情和感激，尽管他试图掩饰自己的羞赧，但那一抹淡淡的红晕还是在他的脸颊上显露无遗。这一刻，我们彼此的心意无需言语，一个眼神，一个微笑，就足以表达一切。

我们的生活需要仪式感，它能丰富我们平淡的生活，创造出更多美好的、充满诗意的回忆，还能增进家庭成员之间的感情。如果对方不太在意，我们主动一点也无妨。借着节假日、结婚纪念日、家人生日，准备一份温馨的晚餐，或者送对方一份惊喜的小礼物，这些小小的仪式，都可以为彼此带来额外的幸福。

大部分人觉得传统文化中表达爱和感激的方式是非常含蓄的，尤其是很多长辈觉得一家人不用客气，不需要用形式去表达爱意，觉得难为情，甚至还觉得有些做作。其实恰恰相反，古人是非常注重仪式感的，从外在的服饰、车马、所吃的食物，到各种礼仪活动，都非常考究。古人还会借着仪式去祈祷和感谢神明、祖先和家人，让人心能够连接得更紧密。

所以，作为彼此最重要、最亲密的人，更需要用心去表达爱与感谢。

五是，理性沟通。

其实说来说去，婚姻里最重要的还是沟通，尤其是理性沟通，这也是最为理想和成熟的沟通方式。以理性和客观的方式解决问题，避免情绪化。

记得有一次，我和周先生因为一件小事发生了争执。我们的情绪都很激动，眼看就要说出伤害对方的话。这时，周先生突然说："我们先冷静一下，等会儿再谈。"

我们各自去了一个房间，冷静了一会儿。半小时后，我们又坐在一起，用平和的语气，理性地讨论了刚才的问题。

"我觉得你刚才说得有道理，我可能有些冲动了。"周先生说。

"我也是，我应该尝试理解你的想法。"我说。

当我们有情绪时，是管不住自己的嘴的。情绪上头时，说的话一句比一句伤人，结果两个人都不开心，有些话还成了埋在心里的刺。实际上，理性沟通就是让我们在适当的时候学会闭嘴，学会站在对方的立场上去思考问题，心平气和地表达自己的感受和需求。

另外，还有一点是就事论事。当两人意见出现分歧时，争辩常常容易引发情绪失控，而情绪一旦失控，往往会忘了事情本身。如果就事论事，就能客观地表达自己的观点和想法，并且能清楚意识到，别人有不同的观点和想法也很正常，就不会因此觉得受伤。

我和周先生约定，每当两个人有情绪时，要有一个人及时叫停，不再讨论，给彼此一点独处的时间，换个环境，冷静下来后再去沟通。如果意识到自己的过激言行给对方带来了伤害，也要及时向对方道歉。夫妻之间没有隔夜仇。

只有具备这些理性思维，才能化解争端，相互谅解。

好的沟通在婚姻中非常重要，可以让夫妻之间的关系更加亲密。很多夫妻日渐疏离就是因为鸡毛蒜皮的小事沟通不畅造成的。我和周先生的对话，总是围绕着生活中的点点滴滴，柴米油盐酱醋茶，音乐书画诗酒花，在这些看似琐碎的小事中，我们共同构筑着温馨家园。知足者常乐，我们拥有的这一切，已足够让我们感到满足，又有何求呢？

相敬如宾，举案齐眉，这是古人对夫妻关系和谐美满的赞誉。我与周先生在婚姻的汪洋中，如同一叶扁舟，我们携手同行，共同面对生活的风风雨雨，平平稳稳地驶过生活的波涛。我们要像古人那样，用智慧和勇气去经营我们的婚姻，让它成为我们生命中最温暖的港湾。

"执子之手，与子偕老"，这是我们对婚姻的承诺，也是我们对未来的期许。我们没有轰轰烈烈的誓言，没有惊天动地的壮举，却有着一种骨子里的浪漫，那是我们对平凡生活的深深眷恋。

携手同行

志同道合,携手富养我们的未来

婚姻是一段奇妙而长远的旅程,需要夫妻双方携手同行,共同探索未知的风景。它就像一条河流,缓缓流淌,携带着两个人的希望,最终抵达梦想之海。

在这段旅程中,我们不仅享受着眼前的风光,更是在不断成长和进步。我们相互鼓励,相互支持,一起创造着属于我们的美好记忆。我们的心灵,就像是两股清泉,在婚姻的河流中交汇,让生命之河变得更加丰盈,更加宽广。

某天下午,我和周先生在书房里,我正在临摹一幅莲花图,而他则在一旁研究书法。我们沉浸在各自的艺术世界里,却又能感受到彼此的存在。

"你看这莲花,比起上次是不是更加有层次了?"我指着画中的莲花对周先生说。

周先生放下手中的笔,走过来,凝视着画,微笑着回答:"确实,大自然的抽象都有共性,你把这朵莲花的灵韵画出来了。"

我们有许多相同的兴趣爱好,比如书画、旅游、美食等,这些共同的话题和体验,让我们的交流更加深入,也让我们的合作更加默契。比如,当我们计划一次旅行时,我们会一起研究路线,选择目的地,讨论当地的文化和美食,这样的交流和默契,让我们的旅行充满了乐趣。

在婚姻中,我们也有着相同的目标和价值观。我们都认为,人生的价值在于不断追求和实现自己的梦想,无论是在事业上还是在个人成长上。当我们遇到瓶颈或挫折时,我们会互相安慰、互相鼓励,相互扶持走下去。这种共同的追求和理想,是让我们婚姻长久和美满的重要前提。

我们的婚姻,宛如一幅精心绘制的画卷,不仅记录着我们共同走过的岁月,更承载了我们的欢笑与泪水。我们愿意用一生的时间,去细细描绘这幅画卷,让它成为我们生命中最珍贵的记忆。

一次展览上,我们被一幅画作深深吸引,它不仅仅是一幅画,更是一个故事,一个梦想的开始。我们站在那幅画前,就像站在了我们共同的梦想面前。先生看着画,眼中闪烁着光芒,他说:"这幅画让我想起了画院里一个小孩的作品,那孩子的天赋很高,早一些接受专业指导的话,未来可能会达到很高的水平。"

我点头同意,心中涌起一股微小但确定的幸福感:"是的呀,我对那个孩子的作品风格也有印象,确实需要给他更多的创意发挥空间,让他尝试更多的可能性。"我们彼此对视,眼中满是理解和支持,这种默契,是我们之间情感的纽带。

我们的日常对话都十分朴实,却足以表达我们的内心。我们的默契,让我们的生活充满了小确幸,每一个小确幸,都像是一颗珍珠,串联起我们共同的生活。

很多次,我们在厨房一起准备晚餐,我切菜,先生则在一旁煮汤。我们的动作是那么的协调,就像是经过无数次排练一样。一次,我不小心切到了手指,先生立刻放下手中的勺子,跑过来帮我处理伤口。那一刻,我感受到了他的关心和爱护,这种默契和关怀,让我感到无比幸福。

很多个周末的早晨,我们一起在阳台上浇花。阳光洒在我们身上,温暖而舒适。我们一边浇水,一边聊着天,分享着彼此的想法和感受。我们的对话是那么的自然,那么的轻松,仿佛整个世界都静止了,只剩下我们两个人。

这些小确幸,虽然看似微不足道,但却是我们生活中最珍贵的部分。它们让我们的生活充满了色彩,让我们的心灵得到了滋养。我们的婚姻,就像是一幅用这些小确幸绘制的画卷,每一点色彩,每一笔线条,都充满了我们对彼此和对生活的热爱。

《周易》中说:"同声相应,同气相求。"我们的共同点让我们的婚姻更加稳固和谐。我愿意用一生的时间,来记录我们生活的点点滴滴,让婚姻的画卷载满我们的喜怒哀乐,让它成为我们生命中最珍贵的记忆。

第三篇 富养之道：个人成长与社会责任

创业之路

艺术与梦想，富养我的事业心

刚结婚后的那段日子，是我们两个人难得的轻松时光。我们一起做饭，一起散步，更多的时候是和公婆在一起聊天，二老总是会聊起先生小时候淘气的故事。大家一起翻看先生小时候的照片，聊些家长里短的小事，每天家里都是欢声笑语。我们也会欣赏公公的书法、绘画作品，听他给我们讲字画的气韵和用意。

又过了不久，我们迎来了家庭的新成员——我们的儿子大志。他的到来，如同春风拂过枯枝，融化了我心中最后的坚冰，使我的心变得更加柔软和温暖。看着他粉嫩的小脸，我在想，这个小生命将如何成长？他会遇到什么样的人，什么样的环境，又会接受什么样的教育呢？

但是，我这样风风火火的性格是闲不下来的，总想找点事情做。尤其是周先生休完婚假上班以后，我更觉得自己不能待在家里。我最初来上海的目的，除了追寻爱情，还想看看更广阔的世界。

就在我沉浸在对大志和自己未来的思考中时，周先生注意到了我情绪上的异样。一天晚上，他温柔地对我说："亲爱的，我看你最近似乎有些不安，或许你可以考虑重新工作。"他观察着我的神情继续说道，"你有教学的经历，也喜欢小孩子，还懂书法，并且书画是我们夫妻两人共同的爱好。或许，我们可以一起做些事情。"

他的话像一股温暖的春风，吹散了我心中的迷雾。是的，我为什么不利用自己的优势，做自己热爱的事情呢？这个想法像一颗种子，在我心里生根发芽。

我心中萌生了一个想法：也许我可以为大志，也为和他一样的孩子，创造一个既能安心玩耍，又能发展兴趣爱好的地方。《孟子》有云："得天下英才而教育之。"我想，不仅是天下英才，每一个孩子都值得被如此教育。

我也曾经犹豫过，因为我们两个人都喜欢孩子，也打算多生几个,由我亲自带。我所学专业是小学教育,对我来说带孩子应该很轻松。但我还是想继续工作,尤其是来到奉贤后,我需要熟悉这里,工作其实是一个适应环境的很好的方式。

但每个家庭情况不同,夫妻双方都有工作的家庭必须做好家庭与工作之间的协调,才有可能解决后顾之忧,而且两人对家庭分工也需要达成一致。我身边有很多妈妈在做家庭主妇,她们的劳动价值不容忽视。她们也同样付出了时间、精力、智慧、经验等等,甚至比上班更不容易。

当时摆在我面前的有两条路,一是继续去学校当一名教师,二是自己做点小生意。最终,我们选择了一条既能实现个人价值,又能为孩子们创造美好成长环境的道路——教育创业。

孩子给了我创业的决心与勇气,周先生给了我创业的支持和引导。接下来的几周,我们开始深入讨论和规划创业事宜。周先生说:"市场调研、选址以及场地施工至关重要,我会来负责这部分。"

我回应道:"那我来负责人员架构和推广,毕竟我在教育领域有些经验。"

我们就这样分工合作,每个晚上,家里都充满了我们的讨论声和笑声。周先生会拿着地图,认真地分析每一个可能的地点;而我则会在笔记本上规划课程和活动。

有了梦想,每一天都是充实和快乐的。母子连心,孩子可能感受到了妈妈想要创业的心,非常好带,饿了就吃,困了就睡。我坐月子期间非常顺利,身体也很快恢复了。

妈妈的情绪和心态,对孩子的影响至关重要。我的儿子大志成长到现在,一直非常乐观积极,情绪稳定,我想这与我怀孕和产后的身心状态有很大的关系。

我身边也有产妇因为激素水平的变化,有产后抑郁倾向,很痛苦。这个时期的妈妈,特别需要支持,无论是在家庭中,还是在工作中,都应该给予她们适当的照顾和关爱,才有利于她们恢复。

在先生的支持下,我们俩分工明确,各司其职,开始轰轰烈烈的创业生涯,到现在已有十年光景,先生一直是我最好的合作伙伴。

我们的心愿和使命，是希望能传承书法、国画这两种传统艺术，并让小孩子在写书法、画国画的过程中喜欢上传统文化，找到我们文化的精神内核；也希望让成年人在当前浮躁的大环境下，通过书法和画画，修身养性，让"爱莲堂"成为他们为心灵充电的地方。因为成年人更需要慢下来、静下来，以安顿好自己的身心。

　　从零开始经营一家公司，对我来说，既是一场冒险，也是一段自我超越的旅程。我既兴奋又紧张，因为我知道，每一步都充满了未知和挑战。我坚信，只有亲力亲为，才能真正发现问题、解决问题、优化流程。这不仅是我做事的原则，也是我对责任的理解。

　　在我亲力亲为经营公司的过程中，我一直在思考如何将个人理念与家族传承相融合，进而塑造独特的企业文化。这时，我想到了周先生家族的堂号——"爱莲堂"。这个名称不仅是为了纪念北宋理学大家周敦颐，更象征着清白家风和对高尚品格的追求。周敦颐的《爱莲说》深深影响了我们家族，我们将莲的品德——出淤泥而不染，濯清涟而不妖——视作修身、齐家、治国、平天下的根基。

因此，在筹划书画教育培训项目时，我们毫不犹豫地选择了"爱莲堂"作为书画院的名字。我们期望"爱莲堂"书画院不仅传授书法、国画技艺，更能够传播君子之道，弘扬莲的高洁品德，传递莲的廉洁品性。这既是对先辈精神的纪念，也是我们对教育事业的一份执着追求。通过"爱莲堂"，我们希望培养出既有艺术修养又有道德情操的新一代。

很多人可能会问：为什么不聘请专业人士来打理公司呢？的确，专业人士可以提高经济效益，但作为公司的掌舵者，我不能只是袖手旁观。我可能不会亲自处理日常运营，但我必须了解每一个细节，这样才能在关键时刻，为团队指出正确的方向并提出精准战略。

我小时候就展现出了很强的领导能力，带领小伙伴们玩游戏，我总是能够洞察每个人的特长，将他们安排在最合适的位置。"合适"这两个字背后，是对一个人全面信息的了解，包括专业能力、性格特点、思维方式、处世方式，甚至是家庭情况。只有真正了解一个人，才能激发他们的潜能。

创业对我来说，就像是在现实中玩一场策略游戏。

每个岗位都需要合适的人,而培训中心最重要的资源就是老师。我需要全方位考量老师的讲课风格、表达能力、性格特点,这样才能保证培训的质量。良师难觅,既有水平又会教的老师,是可遇不可求的。老师和工作人员经过层层选拔和试讲后,终于安排到位了。场所也准备就绪,可以正式营业了。

但是,我知道,这只是开始,真正的挑战还在后面。

创业初期,没有客户,一切都是空白。我需要吸引人来现场体验,这需要策略和行动。我带着新招聘的老师和工作人员,在商场和学校门口做宣传。当时的市场还比较冷清,少年宫是艺术培训的主要机构,民间机构很少。所以,我需要让大家知道我们的存在,尤其是让孩子们的父母了解我们是做什么的。

我们准备了宣传册和小礼品,在人流量大的商场发放,向接送孩子的家长介绍我们的培训中心。整整四十五天,我们都在炎炎烈日下坚持不懈地向大众宣传我们的机构。我的皮肤对紫外线过敏,太阳晒多了就会痒、起疹子,但我没有放弃,因为我知道,这点困难相比整个创业过程的艰难简直不值一提。只要有一点希望，我就会坚持下去。

周先生看到我这样坚持，虽然心疼却未阻拦。他知道我一旦决定了，就不会轻易放弃。在这个过程中，他给了我很大的支持，这也是我能坚持下去的动力之一。

与此同时，我不断思考，不断调整策略。我知道，创业是一场长跑，需要耐心和毅力。我也知道，只有不断学习和进步，才能在这场长跑中取得胜利。

理想，如同夜空中最亮的星，引领着我前行；现实，却似那骨感的枝丫，突兀而真实。2017年，瑞思少儿艺术中心在上海奉贤区的一隅静静绽放，然而，两个星期的喧嚣过后，留下的只是寥寥无几的学员。我的心，像被风吹散的云，有些迷茫，有些不安。

记得刚开业那会儿，午后的阳光透过窗户洒在空荡荡的教室内，一个小女孩拉着妈妈的手，好奇地走进来。她的眼睛里闪烁着对绘画的渴望，我看到了希望的光。尽管只有她一个学生，我们还是为她准备了最精彩的课程。课后，她拿着自己的画作，脸上洋溢着满足的笑容。那一刻，我坚信，所有的坚持都是值得的。

每个清晨，我站在公司门口，望着街道上来来往往的人群，心中默默祈祷，愿今日能有更多家长带着孩子走进我们的世界。每个傍晚，看着街道上熙熙攘攘的人群与空空如也的教室形成的鲜明对比，我的心都会不由自主地沉下去。

我深知问题出在哪里，是我还不够专业，还不够了解如何吸引家长和孩子们。夜深人静时，我坐在书桌前，一页一页翻看着课程介绍，一遍一遍回放着体验课的录像，心中充满了疑问：是不是我的介绍不够生动？是不是体验课的设计不够吸引人？是不是我还没有找到真正需要我们课程的家庭？

我想起了曾在总部接受培训的自己，那时的我，满怀信心，认为自己已经准备好了。但现实给了我沉重一击，我意识到，我错了。我需要的不仅是实践经验，更需要打开视野，提升认知。我开始深刻反思，决定再次回到瑞思教育总部，去观摩、去实习、去学习。

在开业两周后，我向瑞思教育总部求助。他们派来了一位经验丰富的老师，他不仅教会了我如何与客户交流、如何安排体验课，还教会了我如何处理看似微不足道却至关重要的小事。比如，为送孩子上课的家长准备干净的座椅、水和小零食。这些小事，如同丝丝细雨，润物无声，却能深深打动家长的心。

一次偶然的机会，书画堂的学员们参加了一个社区的艺术活动。在那里，我看到一个小男孩，他专注地用画笔描绘着心中的世界。我走过去，轻声问他："你喜欢画画吗？"他抬起头，眼中闪烁着光芒，重重地点了点头。那一刻，我明白了，我的使命不仅是教授技艺，更是点燃孩子们心中的火花。

我明白，教育不仅仅是知识的传授，更是人文素养的培养。我开始更加注重与家长的沟通，更加关注孩子的兴趣和成长。每当看到孩子们在艺术的世界里自由翱翔，我的心便充满了温暖和力量。

生命的旅程是漫长的，教育是一场静待花开的守望。我学会了耐心，学会了鼓励，学会了从每一次失败中汲取力量。我相信，只要我们用心引导，用爱浇灌，每一个孩子都能在这里找到属于自己的闪光点。

因为热爱书画和传统文化，我们创办了爱莲堂书画院，如今已经开到了第四家。我们两个人分工协作，我先生主要负责课程研发、教师培养，因为他善于钻研，对古人的作品、风格和技法，甚至心境都细细揣摩过。传统书画是写意的，一幅作品是一个人内心世界的展现。通过一幅字画，我们就能看出作者当时是昂扬的还是落寞的，是处于顺境还是逆旅，是心胸开阔的还是充满思虑的……这些都需要用心去体会，才能通过字画与古人进行跨越时空的对话。我主要负责管理、运营、课程推广，因为我性格外向，更愿意和人打交道。我们两个不仅在工作上分工合作，发挥各自优势，互相补充，在育儿、孝养老人时，也是采用这种方式，夫妻同心的力量远远大于一个人的力量。

　　每当我走进爱莲堂，看到大人和小孩都沉浸于书画作品的创作中，那份专注，那份自我欣赏，让我仿佛看到了一束穿越千年的光，洒落在每一幅作品上。这束光，是先祖们绵延传递的力量，照亮了我们的心灵，也照亮了我们前行的道路。在这里，我不仅教授技艺，更传递情感，传递文化，传递精神。我希望通过我的努力，让更多的人了解和热爱我们的传统文化，让更多的人感受到那份穿越千年的力量。

爱莲堂，就是我坚守初心、传承文化、连接过去与未来的阵地。在这里，我将用我的一生，去书写一个个关于文化传承的故事。我相信，只要我们用心去做，用心去传承，我们的文化就能像那不灭的火焰，照亮更多人的心灵，温暖更多人的生活。

这，就是我的使命，也是我的荣耀。

第三篇 富养之道：个人成长与社会责任

无私付出

在奉献中找到富养的深层意义

创业之路，犹如在无垠的沙漠中寻找绿洲，充满了未知与挑战。起初，我们的艺术中心在奉贤区悄然开业，却遭遇了门庭冷落的尴尬。每个空荡荡的教室都映射出我的焦虑与不安。但即便如此，我依然坚信，每一粒种子都需要时间来发芽，每一次失败都是通往成功的必经之路。

记得那个深夜，电话铃声突兀地响起，我迷糊中接起电话，耳边传来一位妈妈焦急的声音。她的孩子突然高烧，需要立刻送医院。她的恐慌和无助像电流一样穿透了夜的寂静，直击我的心房。我立刻清醒过来，心中涌起一股莫名的力量，驱使我立刻行动。

我轻声安慰她，告诉她我马上就到。挂断电话，我迅速穿上衣服，抓起车钥匙冲出家门。夜色中，我驾车飞驰，心中只有一个念头：快一点，再快一点。到达她家时，我看到那位妈妈焦急地在门口等待，怀里的孩子小脸通红，我能感受到她的无助和恐慌。

我迅速接过孩子，轻声哄着，同时帮助她收拾必需品。我们一起把孩子送到医院，挂号、看医生、取药，我像一个不知疲倦的战士，守护着这个小小的生命。直到孩子的体温渐渐下降，直到那位妈妈的脸上露出了一丝安心的笑容，我才感到浓浓的疲惫。

这次经历让我深刻体会到了做母亲的不易，也让我意识到，我们的艺术中心不仅仅是一个教授艺术的地方，更是一个社区的支柱，一个在家长需要时能够提供帮助的港湾。

随着时间的推移，我们的艺术中心慢慢步入了正轨。我开始举办公益讲座，与家长们分享育儿经验，讨论孩子的教育选择和心理健康。我也逐渐成为儿童教育咨询顾问，用自己的经验和知识，帮助了更多的家庭。

在这个过程中，我对教育的理解更加深入了。我不仅是一个教育者，更是一个倾听者，一个引导者。我学会了从家长的角度出发，理解他们的需求和期望，用我的专业知识和真诚，帮助他们解决育儿过程中的困惑和难题。

我也更加珍视自己的母亲身份。在这个快节奏的社会中，职场妈妈面临着事业和育儿的双重压力。我希望通过我们的努力，能够为她们分担一些压力，让她们有更多的时间和精力陪伴孩子成长。

随着时间的推移，我和家长们的关系越来越亲密。我们一起分享育儿心得，一起组织活动，一起面对育儿过程中的挑战和喜悦。我也逐渐成为他们中的一分子，一个可以随时提供帮助和支持的朋友。在这个过程中，我深刻体会到了社区的力量。一个人的力量是有限的，但一个社区的力量是无穷的。我相信，只要我们团结一心，就没有克服不了的困难，没有解决不了的问题。

在爱莲堂的长廊里，我常常静立，想着彼得·德鲁克的那句话："领导力就是以身作则，让别人愿意为大家共同的愿景努力奋斗的艺术。"这也是我作为爱莲堂院长的行动准则。

在每一次大型活动中，我都以身作则，带领团队接受挑战。有一次，为了准备一个大型书画展览，我和团队成员一起加班到深夜。尽管大家都很疲惫，但看到我依然精力充沛地忙碌着，他们也被感染了，重新振作起来，继续投入工作中。

展览当天，人们被精美的书画作品吸引，他们惊叹于孩子们的创造力和才华。在这一刻，我感到所有的努力都是值得的。我以自己的行为照亮了他人，激励了团队，也赢得了家长和孩子们的尊敬和信任。

在爱莲堂的每一次教师培训会上，我都强调我们的教育理念："我们要因材施教，激发孩子们的兴趣，引导他们探索艺术的世界。"我看到了老师们眼中的光芒，知道我们的使命和文化正在他们心中生根发芽。在奉献中，我深刻体会到，教育是一种心灵的交流，它超越了物质，触及了灵魂。

在另外一次团队项目中，我们面临巨大的挑战。我再次和团队成员一起加班，共同面对挑战。深夜，当最后一个任务完成时，我们相视而笑，虽然疲惫，但心中充满了成就感。在奉献中，我感受到了团队的力量，以及每个人在面对困难时的决心和勇气。

随着爱莲堂的不断壮大，我逐渐将更多的精力放在团队人才的培养上。记得有一次，一位年轻老师在教学上遇到了困难，我耐心地与她一起分析问题，提出解决方案。几个月后，她成了孩子们心目中的明星老师。在奉献中，我看到了每一位老师在教育旅途上的不懈努力和成长。

我始终认为，工作的价值在于我们能做出什么样的贡献。在一次员工大会上，我对大家说："我们要思考的不仅是自己的需求，更是他人的需求，我们能为他人贡献什么。"我看到了员工们热情洋溢的眼神，知道这样的思考方式，已经激发了他们的创造力和潜能。在奉献中，我发现了自我价值的实现途径，以及团队协作带来的无限可能。

在那个异常寒冷的冬天，我们的爱莲堂书画院正准备迎接新的发展机遇，然而，疫情的阴影却悄无声息地笼罩下来。城市被封锁，我们的线下课程不得不全面停止，整个团队陷入前所未有的困境。家长对孩子是否要继续学习充满了疑虑，许多学生也不得不暂时搁置他们的艺术梦想，我们的运营成本压力巨大，未来变得扑朔迷离。

面对这样的挑战，我们召集管理团队，迅速召开紧急会议，商讨对策。我们深知，作为企业，我们不仅要响应国家的号召加强防疫，更要积极采取自救措施，确保我们的团队、客户和学员能够在这场危机中安然无恙。

首先，我们必须确保员工的安全和正常生活。我们迅速响应国家防疫要求，为员工提供必要的防疫物资，如口罩、消毒液，并确保他们能够在家安全地工作。同时，我们积极组织线上培训，帮助员工提升远程工作技能，保持团队的稳定。

接着，我们对客户，即家长们，通过电话、社交媒体、邮件等方式，及时传达我们的关心和支持。我们提供了线上咨询服务，解答家长们的疑惑，让他们知道我们始终与他们同在。我们还推出了线上课程体验包，让家长们看到我们对教育质量的承诺并未因疫情而改变。

面对沉重的经营压力，我和周先生联合小伙伴们，积极寻求创新的业务模式。我们开展了线上展览，展示孩子们的作品，让家长们看到他们的成长和进步。此外，我们还在线销售一系列艺术用品，以满足家长和学员在家学习的需求。

我们坚信，只要团队成员的心在一起，就没有克服不了的困难。我和周先生一同管理团队，自愿降低薪水以确保员工工资能按时发放。我们承诺，一旦情况好转，立刻恢复正常薪酬，并补上疫情期间降低的部分。这场疫情虽然带来了挑战，但也让我们看到了团结和创新的力量。这一段经历告诉我们，只要有人在，就有希望，人心的力量是无穷的。

随着疫情的阴霾逐渐散去，我们的团队凭借坚定的信念和不懈的努力，很快恢复了往日的活力，并且变得更加坚强，更加具有凝聚力。

从一名普通的小镇姑娘，到成为一名创业者，我深知这背后的责任。每当我看到孩子们在爱莲堂快乐地成长，每当我看到员工们在这里实现自己的价值，我的心中就充满了温暖和力量。

在奉献中，我找到了人生的意义，以及作为领导者的使命。

孟子说："仁者爱人，有礼者敬人。爱人者，人恒爱之。敬人者，人恒敬之。"我的付出换来了员工们的理解和支持。每当遇到困难，我们一起面对；每当取得成绩，我们一起庆祝。

在奉献中，我收获了深厚的友谊和团队的凝聚力。

我知道，随着企业的发展，我需要在自由与责任之间找到平衡。我鼓励团队成员发挥自己的创造力，同时也强调责任的重要性。我相信，承担多大的责任，就意味着有多大的自由。这种自由，不仅让我们的心灵自由翱翔，也让我们的认知得到提升。

在奉献中，我找到了自由的真谛——在责任中寻求自由，在自由中履行责任。

教育之光

激发孩子潜能，富养下一代

在这个由我和周先生亲手创立的爱莲堂里，我既是园丁也是引路人，每天在朋友圈里分享着这里的点点滴滴：新老师的开课、孩子们的画作、学校的新活动、团队的团建时光……我乐于成为这里的推广者和代言人，因为每一次分享，都是对这份事业的深情告白。

记得在一个阳光明媚的下午，我站在孩子们的画作前，看着他们用色彩描绘梦想，心中涌起一股暖流。一位小朋友拿着他的画跑向我，眼中满是期待："Karrie姐，看我画的春天！"我蹲下身，认真欣赏他的画，然后对他说："春天在你的画里活了，你的心中一定充满了温暖和希望。"孩子的脸上露出了灿烂的笑容。在付出中，我体会到了教育的意义——它既让孩子们的心灵得到成长，也让我的内心感到充实和满足。

在爱莲堂的日常运营中，我始终坚持以诚意和正直去影响每一个家庭。一位家长因为孩子的学习进度与其他孩子有差距而感到焦虑，她找到我，希望能得到一些帮助。我认真倾听了她的担忧，并告诉她："每个孩子都是独一无二的，他们的成长速度和方式各不相同。"我与她一起制定了一份适合她孩子的个性化学习计划，并定期跟进孩子的学习情况。

几个月后，孩子的画作有了显著进步，家长的脸上露出了欣慰的笑容。这件事让我深刻认识到，诚意正心，修身齐家，不仅是对个人的要求，也是对领导者的要求。我们需要用诚意和正直去影响每一个家庭，帮助他们建立信心，实现目标。

在爱莲堂的每一次教师培训会上，我和周先生都会和老师们围坐在一起，耐心地分享我们的教育理念："我们得针对每个孩子的特点来教，让他们对画画、书法这些艺术活动产生兴趣，带着他们去发现艺术的美。"我注意到，每当我这么说的时候，老师们的眼里都会闪烁着认同和热情的光芒，我能感受到，我们的使命和文化正在他们心中慢慢生根。

在这些朴素的交流中,我逐渐明白,教育不单是知识的传递,更是心与心的交流。教育的重要之处不在于我们给了孩子们多少物质上的东西,而在于我们能不能触动他们的内心,激发他们对生活的热爱和对美好事物的追求。这就像种一棵树,我们不仅要给它土壤和水分,更重要的是要给它生长的方向和力量。

每次培训结束,我都会留下来和老师们一起讨论,听听他们的想法和建议。在这个过程中,我学到了很多,也感受到了教育工作的真实和温暖。我们的目标很朴素,就是希望通过我们的努力,让每个孩子都能在艺术的世界里找到自己的位置,让他们的心灵得到真正的滋养。

记得那个炎热的暑假,我们的爱莲堂又迎来了一群充满好奇心的孩子。在他们中间,有一个小男孩总是独自一人坐在教室的角落,他的眼神中透露出渴望参与却又害怕尝试的矛盾情绪。我意识到,对这个孩子,我首先要做的不是传授技艺,而是激发他的自信和勇气。

一天下午,我走到这位小朋友身边,轻声问他是否愿意和我一起完成一幅画。起初,他显得有些犹豫,但在我鼓励的目光下,他终于点了点头。我们一起调色,一起勾勒,他的眼中逐渐燃起了希望的光芒。从那以后,他变得开朗起来,主动与其他孩子交流,积极展示自己的作品。如果当时我忽视了这个孩子,或许他永远也不敢尝试迈出那一步,甚至可能影响他未来的学习和工作。这件小事提醒了我,作为教师,在管理和教育一个班级的学生时,要"眼观六路、耳听八方",时时刻刻留心每个孩子的情绪和行为,发现问题后要及时对孩子进行积极引导和鼓励。只有如此,才能引领孩子向更积极的方向前进。

在爱莲堂,我们不仅教给孩子们写字画画的技巧,更注重激发他们的潜能,滋养他们的心灵。记得有一次,一位小朋友在课堂上有些沮丧,我走过去,轻声对他说:"每一幅画都有它独特的美,就像每一个人都有自己的闪光点。"从那以后,这位小朋友慢慢变得自信起来,他的画作也更加生动。在奉献中,我体会到了教育的核心——启迪心智,点亮希望。

在充满挑战与机遇的教育旅程中,我们尝试着将每一个细节做到极致。记得那是一个阴雨绵绵的下午,我站在艺术中心的门口，手中紧握着一把雨伞，等待着那些小小的身影和他们的家长。雨滴落在伞面上，发出悦耳的滴答声，仿佛是大自然为我的等待伴奏。当孩子们笑着跑向我，我仿佛看到了一朵朵含苞待放的花蕾，他们会在雨露的滋润下，渐渐绽放。

有一次，一个孩子因为生病无法来上课，我带着老师们精心准备的小礼物前去探望。孩子的脸上虽然带着病态的苍白，但看到我时，脸上难掩惊喜。我坐在他的床边，轻声讲述着课堂上发生的趣事，孩子的笑声如同穿透乌云的阳光，温暖而明媚。那一刻，我深刻感受到，教育不仅仅是知识的传递，更是心灵的触碰，是生命对生命的启迪。正如《论语》中所言："学而不厌，诲人不倦。"教育的真谛，就在于永不满足的学习渴望和永不停歇的教导热情。

在这个过程中，我们也曾遭遇过外界的误解与质疑。有人认为，我们所做的一切都是为了商业利益，是吸引客户的噱头。面对这些声音，我们选择了沉默，因为我们相信，时间会证明一切。我们坚守着自己的初心，坚持以人为本，因材施教，坚信只有充分了解每一个孩子,才能真正帮助他们成长。正如现代教育家陶行知先生所说:"教育是农业,不是工业。"我们需要用心浇灌,耐心等待,才能收获丰硕的果实。

我们所追求的,不仅仅是辅导孩子们学习专业技能,更重要的是培养一个个活生生的人。我们希望通过兴趣、艺术这样的精神富养,激发孩子们的生命力。我们相信,教育能够影响一个孩子的一生,就像量子力学中的不确定性原理,每一次教育的"坍缩",都有可能在孩子的生命中产生不同的结果。爱因斯坦说过:"想象力比知识更重要。"我们致力于激发孩子们的想象力,让他们在艺术的世界里自由翱翔。

我们培养的不是考级机器,而是精神世界无比富足的君子。借由一门书法课,孩子们不仅学会了书写的技巧,更在笔墨的流转中,体会到了中华文化的博大精深,感受到了艺术与生命交融的美好。

我们希望,每一个从我们这里走出去的孩子,都能够带着满满的精神财富,去迎接未来的挑战。正如诗人泰戈尔所言:"教育的目的应当是向人类传送生命的气息。"我们致力于让每一个孩子都能感受到生命的丰富多彩。

文化探幽

传统六艺，现代人的精神富养

礼、乐、射、御、书、数，"君子六艺"不仅是中华文化之瑰宝，更是传统文化给予现代人的精神力量。

礼和乐，作为六艺中的基本技能，教会了我们礼仪规范和音乐舞蹈，让我们的生活更加丰富多彩。射和御，作为体育和武艺的体现，让我们在强身健体的同时，也学会了勇敢和坚韧。书和数，不仅让我们掌握了文字和算术的基本知识，更开启了我们探索天文地理的智慧之门。

在爱莲堂书画院，我们传承的不仅是艺术，更是生活的智慧。我们相信，艺术与生活是密不可分的，艺术能够教会我们如何更好地生活。就像中国书画艺术所强调的，书画作品是创作者和欣赏者的双重创作，它让我们懂得了内涵的重要性，而不仅仅是外在形式。

艺术的实践活动，让我们懂得了人与人之间应该如何相处，如何处理好各方面的关系。在爱莲堂书画院，我们不仅仅是在教授技艺，更是在传递一种生活态度，一种精神养分。

作为周氏后人，我深感《爱莲说》中的精神已经融入我的血脉，成为我人生的座右铭。"出淤泥而不染，濯清涟而不妖"，这两句话不仅时时提醒着我如何说话做事，也启发了我和周先生共同的教育理想。在北宋，周敦颐先生以一己之力开启宋代新儒学之风，他的身影，如同一座灯塔，照亮了我对教育执着追求的航路。

在这个功利主义盛行的时代，许多家长和孩子被学习成绩和学科教育所束缚，兴趣班变成了升学的跳板，孩子们的创造力和个性被忽视。我对此深感忧虑，童年时期是一个人最需要爱与呵护的时期，就像一棵树苗刚刚扎根，需要充分的营养来支持它茁壮成长。

我和周先生有个共同的教育理想，那就是培养有生命力的、"此心光明"的孩子。这个理想也随着我们培训事业的稳定发展，开始生根发芽。在周先生的支持下,我们为孩子们创造了一个自由、宽松的学习环境,让他们在这里找到自我,释放个性。

有一次,一位妈妈带着她8岁的儿子来试课。小男孩刚开始有点紧张,每一笔都小心翼翼,放不开。我鼓励他大胆去写,去表达自己内心的想法。这位妈妈最初还担心孩子写不好,但在我和其他老师的引导下,她逐渐学会了放手,让孩子自由地探索和学习。后来,这个小男孩在书法方面取得了很大进步,他的妈妈也深刻体会到了放手和鼓励的重要性。

周先生和我始终相信,教育不仅仅是传授知识,更是培养品德和个性。我们在书画院所做的一切,都是为了让孩子们在艺术的熏陶下,成长为有生命力、有创造力的人。

我还亲眼见证了爱莲堂书画院里的这股力量,如何滋养每一位走进这里的成年人。

记得有一次,一位年轻的职场女性走进了书画院。她的眼里满是疲惫,生活的重担让她失去了年轻人该有的光彩。我邀请她参加了我们的书法课程,让她在笔锋流转中寻找内心的宁静。几节课后,她告诉我:"在这里，我找到了一种久违的平和，书法让我重新发现了生活的美好。"

我还记得，在书画院的一次展览中，一位长者站在一幅山水画前久久不愿离去。他告诉我："这幅画让我想起了年轻时的自己，那时的我，也曾梦想着走遍名山大川。"艺术的力量，让他穿越时空，重温了年轻时的梦想。

爱莲堂书画院，就像我们悉心培育的孩子，在爱与责任的阳光雨露中茁壮成长。时至今日，它已经扩展到四家分店，拥有超过一千名学员。我们深信，书画艺术不是孩子们的专利，它同样能够触动成年人的心灵，丰富他们的精神世界。

我们每年都会开设免费的公益课程，向社区的长者们敞开大门。在这里，他们不仅学习书画技艺，更在一笔一画中寻找到内心的宁静和生活的诗意。许多中年人也从繁忙的生活中抽时间来到这里，带着对美好生活的向往，对传统文化的尊重，以及对个人成长的渴望，在这里短暂卸下生活的重担，寻找属于灵魂的净土。

我的周先生，作为书画院的灵魂人物，他总是以

"中通外直,不蔓不枝"这句话来激励自己和学员。这句话,也是《爱莲说》里的名句,意指内在通达而外在刚直,不生枝蔓,不偏离正道。周先生认为,这不仅是书画艺术的追求,也是君子应有的品格。

在周先生的日常教学培训中,他巧妙地将君子六艺融入课程。他相信,通过学习书画,不仅可以培养审美和技艺,更能修身养性,提升个人的道德修养和精神境界。

记得有一次,一位中年学员在完成一幅写意山水画后,感慨地对我说:"在这里,我找到了与自己对话的方式,书画让我重新发现了生活的美好。"他的眼神中充满了满足和平静,那是书画艺术带给他的感动。

周先生还经常邀请学员们参与社区的文化活动,将书画的魅力传播给更多人。春节前,我们开展写春联活动,让学员们亲手写下对新年的祝福;中秋时,我们举办赏月诗会,让学员们在书画中表达对团圆的向往。

爱莲堂书画院不仅是一个学习的地方,更是一处精神家园。我最喜欢夜晚和周末,书画院的每一间教室里都坐满了人,墨香、花香、书香弥漫在空气中,沁人心脾。学员们沉浸在书画的世界里，专注而满足。我看着他们，心中充满了骄傲和幸福。

每当这时，我总会感慨万千，感激周先生的默默支持，感激每一位学员和家长的信任，也感激自己能够在这个美好的事业中，实现自己的价值和理想。

第三篇 富养之道：个人成长与社会责任

第四篇
富养之承：育儿与教育

育儿心经

在家庭与事业间找到富养的平衡

在繁忙的都市生活中,我像许多现代女性一样,肩负着事业和家庭的双重责任。如何在这两大领域中找到平衡点,是我一直在探索的课题。

对于女性创业者来说,肩上的担子似乎更加沉重,不仅要在家庭和工作的天平上寻找平衡点,还要像一位舵手一样引领着公司的航船,穿越波涛汹涌的商海。她们需要用智慧和勇气去激励团队,去支持每一位员工的成长,去确保每一位员工都能得到应有的关怀和保障。她们还要倾听客户的声音,去满足他们的需求,为他们的精神世界提供滋养和支持。

有了孩子后,我更加深刻地体会到了时间的宝贵,我必须更加高效地利用每一分每一秒,不能让任何一方感到被忽视。这不仅是我的追求，也是我和先生共同的信念。在职场上，我们是默契的搭档，各自发挥着特长，共同推进着事业的发展。面对分歧，我们总是以数据和事实为依据，以最客观、最有效的方式解决问题。在生活中，先生也是我育儿之路上的得力助手，我们互补着彼此的不足，用心陪伴孩子成长，成为他们最信赖的朋友。

周先生对我无限包容，他总能理解我那些有些天马行空的想法，能满足我那些小小的需求，能给予我情感上最真挚的慰藉。在陪伴孩子们成长的道路上，我们也曾跌跌撞撞，也曾有过分歧，但经过岁月的洗礼和彼此的磨合，我们渐渐积累了一些心得，也愿意与大家分享。

我们有三个可爱的孩子，哥哥大志已经 8 岁了，妹妹大福 6 岁，而弟弟六福才刚刚 2 岁。我天生就是个工作狂，这一点，家人早已习以为常。孩子出生后，我甚至还没来得及好好享受做母亲的喜悦，就又投入忙碌的工作中。先生看在眼里，疼在心里，他总是劝我，事业固然重要，但也不要太过劳累，要注意休息，养好身体，照顾好孩子，才是最重要的。因为孩子们小时候最需要我们的陪伴、我们的关注，这样他们才能感受到满满的爱和安全感。

周先生也非常喜欢和孩子们在一起，他一直主张父母应该亲自带孩子。他认为，把孩子交给长辈或育儿嫂，是一种不负责任的表现。我完全理解他的用心，作为一个母亲，在孩子最需要我们的时候，的确应该把精力放在孩子身上。

但我的性格不允许我困囿于家庭生活，我需要工作，需要在工作中找到自己的价值。这种价值，与家庭中的成就感是不同的，它让我的生活更加充实，情绪也更加稳定。我一直坚信，女性即使成了母亲，也应该有自己的事业，但同时也要做好规划，找到家庭与事业之间的平衡点。

女性的内心和情绪，如同一片肥沃的土地，需要细心呵护和滋养。我的关注点不应局限于孩子，我也有自己的梦想和追求，而不仅仅是一个哺育生命的母亲。周先生和我的父母、公婆都选择了支持我，这是他们对我的爱，也是他们对我幸福的期望。他们不希望看到我在家中泪眼婆娑，感受不到生活的美好。他们也不再只是关心我的健康，而是积极地帮助我，与我并肩作战。

我之所以能够有这样的勇气和力量，是因为我有一个强大的育儿团队。除了我自己，还有先生、公婆、父母，以及那位细心的育儿嫂，他们都是我坚强的后盾。他们帮我分担了育儿的重担，让我能够从繁重的事务中解脱出来，让我既能轻松照顾孩子，也能有精力投入工作中。虽然生活忙碌，但我的内心却是充实而满足的。

在如今这个快节奏的社会里，许多有各自事业的夫妻，每日都忙于工作，若没有双方父母伸出援手，便不得不依赖育儿嫂的帮助。一些母亲可能会因为无法亲自照顾孩子而感到内疚，但陪伴孩子，重要的不是时间的长短，而是心与心之间的距离。

有的母亲虽然身体在孩子身边，心却距离孩子很远，专注于手机屏幕之上。孩子是能够感受到这份疏离的。我深知这一点，所以我不会因为每天外出工作、无法陪伴孩子而感到纠结。我回到家后，都会放下手机，抛开工作，全心全意地陪伴孩子。我相信，这样的陪伴，反而更有利于孩子成长。

我的三个孩子像山间的小树一样茁壮成长，我有幸见证了他们的每一次蜕变。他们蹒跚迈出人生第一步，他们第一次用勺子自己吃饭，他们第一次稚嫩地呼唤"妈妈"，他们第一次踏入幼儿园的大门，每一个瞬间都让我的心中充满了喜悦和感动。

我想与所有的母亲分享我的育儿心得。首先，你需要一个强大的育儿团队，无论是育儿嫂、阿姨，还是伴侣、双方的父母，他们都是这个团队不可或缺的一员。要善于利用一些专业资源，因为现代的育儿嫂都经过了专业培训，她们对孩子的照顾往往比我们父母那一代更加科学和周到。当然，自己喂养孩子也是可行的，但这会非常辛苦，需要牺牲你的工作时间和个人时间，因此要做好规划，无论做出什么选择，都不要后悔。

我曾听到一些母亲们的担忧，她们不信任育儿嫂和阿姨，担心她们的陋习会对孩子产生不良影响，或者担心她们不够用心。然而，对孩子影响最大的永远是父母。只要我们自己有良好的习惯，孩子自然会效仿。有些父母自己做不到，却总是要求孩子做到，这才是问题所在。此外，要学会管理阿姨，就像在工作中管理团队一样，将团队协作和项目管理的经验运用到家庭育儿中，确定方向、设定目标、提出执行标准，并及时与阿姨进行沟通。对于那些不熟悉你家庭习惯的阿姨，你需要亲自引导她们一段时间，这与工作中的做法并无二致。

我和先生经过一段时间的磨合，最终决定由他腾出更多的时间陪伴孩子成长，因为他比我更有耐心，能够平静地应对孩子们的每一个"为什么"，从不急躁。有这样一位情绪稳定的爸爸，我便没有了后顾之忧。同时，我的父母和公婆也与我们同住，他们在院子里种菜，保证了我们全年都能享用到纯天然无污染的蔬菜。他们的参与不仅为我们提供了生活上的保障，也让他们自己的晚年生活充满了乐趣。看着孩子们的笑脸，享受着家庭的温馨，这或许就是人世间最美好的事情了。

这条路，说起来简单，但其间的曲折和摩擦，只有亲身经历过的人才能深刻体会。作为一位母亲，我也有过无数的纠结和挣扎。然而，正是在不断地尝试、调整，以及与伴侣、父母的沟通中，我们逐渐找到了一个适合我们家庭结构的最佳方案。在这个方案中，每个人都能找到自己的位置,每个人都能自在地做自己,大家互不干涉,却又在彼此需要时能够互相支持。

因此,尽管我们家孩子多,但并没有出现过手忙脚乱的场面。孩子们在成长,我们也在不断学习和成长。这个过程虽然充满了挑战,但也充满了乐趣和收获。这就像那山间的小溪,虽然曲折蜿蜒,却始终向着大海的方向流淌,充满了生命力和希望。

那是一个深秋的夜晚,窗外的树叶在风中沙沙作响,街灯投下斑驳的光影。我坐在办公室里,面前放着一堆文件和笔记本电脑,公司的一个重大项目正处于关键时刻,每一个决策都至关重要。墙上的时钟滴答作响,时间一分一秒地流逝,而我的思绪在数字和策略间穿梭。

就在这时,电话铃声打破了夜的宁静,手机里传来先生焦急的声音:"孩子发烧了,你快回来吧。"我心里一紧,工作的压力和对家庭的担忧交织在一起,让我瞬间感到了前所未有的焦虑。

虽然工作上的事情很重要,但我知道,作为家庭的一员,我必须立刻回家。我迅速收拾好文件,披上外套,冲出了办公室。夜色中,我驾车飞驰,心中默默祈祷孩子能够平安无事。

当我赶到家时，先生已经在照顾孩子，他的眼神里充满了担忧，看到我回来，他的眼中又闪过一丝安慰。我们决定一起送孩子去医院，先生负责驾驶，我则在后座抱着孩子，轻轻哼唱着摇篮曲，试图减轻他的不适感。

医院的走廊里灯光明亮，我们在焦急中等待着医生的诊断。经过一番检查，医生告诉我们孩子只是普通感冒引起的发烧，吃点药就会好转。听到这里，我们的心才稍稍放下。

给孩子拿好药后，我和先生坐在医院的长椅上相视一笑，虽然疲惫，但心中充满了温暖和力量。我们知道，无论生活给予我们什么样的挑战，只要我们肩并肩，心连心，就没有克服不了的困难。

回到家中，孩子在药物的作用下已经安稳进入梦乡，我和先生轻手轻脚地整理着房间，生怕打扰到这份宁静。随后，我们坐在一起，讨论着公司的事情。他给了我很多中肯的建议，我们用数据和事实说话，很快就达成了共识。在这样平和的夜晚，我们的对话也如同这夜色一般，宁静而深邃，沉淀着理性的思索。

每天晚上，我都会花一些时间来感恩生活中的点滴美好，无论是孩子的微笑，还是家人的陪伴。这些简单而平凡的瞬间，构成了我们生活中最宝贵的记忆。我也练习正念呼吸，帮助自己保持清醒的头脑和平静的心态。在夜的静谧中，我闭上眼睛，深呼吸，感受着内心的祥和和满足。我感恩那些在忙碌中给予我支持的人，感恩那些在困难中给予我力量的事。我知道，正是这些点点滴滴，汇聚成了我生命的河流，让我在生活的旅途中，无论遇到怎样的风浪，都能够保持内心的坚定和平静。

通过这些方法，我逐渐找到了事业和家庭之间的平衡点。我知道，这不会是一条平坦的直路，而是一条充满波折的道路。但我相信，只要我保持耐心、坚韧和爱，我就能在这条路上稳步前行。

团队协作

三孩原则,现代家庭的富养智慧

无论家中有几个孩子,我们都应该让他们在平等和充满爱的家庭环境中自由自在地成长。在要不要孩子这个问题上,我始终认为生孩子并不是人生的必选项,生几个孩子更是看个人意愿。我和先生都非常喜欢孩子,所以三个孩子的到来,对我们来说,既是意料之中,也是计划之内。因此,要不要生孩子,要不要多生孩子,这些问题对我们来说并不是难题,而是我们的选择。面对任何选择我们都不会犹豫不决,很容易就能做出决定,并且一旦做出选择,就会勇敢地承担起责任。

孩子多了,保持一颗平常心就变得不易,平等心也难以坚守,尤其是对于一名职业女性来说。所以,越是在家庭环境复杂的情况下,我们越要保持一颗平等且平常的心。以平常心对待孩子的成长，需要我们问自己几个问题：我们作为父母，是否真的相信孩子？是否相信每个生命都是世界上独一无二的存在？是否相信人生没有白走的路，每一步都是为了让他们的生命更加丰富、更加智慧？

在多子女家庭里，我们常常谈论平等，但真正的平等并不像将一锅饭平均分配给一群饥肠辘辘的人那样简单。这里边，有一个基础的逻辑：平等，并不是简单的均分，而是根据每个人的不同，根据每种特定的情况，去做出平衡。这种基于平衡的平等，是生动而真实的，不是死板的一刀切。

拥有一颗平常心，是相信每个孩子都是独特的个体，相信他们都有自己的节奏和步伐。而平等心，则是基于对每个孩子独特性的理解和尊重，去寻求家庭中的和谐与平衡。如此，父母才不会焦虑，无论面对什么情况，都能保持一份从容和自在。这样的心态，让父母更容易在育儿的道路上"躺赢"——家庭中的烦恼减少，亲子关系更加和谐。

另外，我无数次强调，家庭教育的精髓更多地体现在父母的一言一行、一举一动，以及那些看似轻描淡写却又恰到好处的引导上，而不是无休止地絮叨和啰唆。这就是"言教不如身教"，家长的言行举止，比单纯的说教更能影响孩子。

许多人夸赞我们家的三个孩子，说他们皮实，对环境的适应力强，不娇气不挑剔。这些品质，并不是通过言语来传授的，而是让他们在真实的生活场景中去体验、去感悟，再经过家长适当的教导培养出来的。正如《论语》中所说："不愤不启，不悱不发。"家长只需要在恰当的时机去引导，剩下的就需要孩子们在挑战和体验中自己领悟。比如我们全家一起旅行，总会遇到各种各样的问题，无论走到哪里，都需要与环境和谐共处，找到自己的定位，这样才能获得更多快乐。在这个过程中，孩子们也能慢慢成长。这在无形中正契合了自然之道，孩子们在认识自然的过程中，学会了与自然和谐相处，学会了适应，学会了成长。

在养育三个孩子的道路上，我有一些心得体会，愿与大家分享一二。

首先是倾听与理解。记得有一次，小女儿在画画时突然哭起来，我放下手中的活计，坐到她身边，轻声询问。她告诉我，她觉得自己画得不好。我耐心听她倾诉，然后告诉她，每一幅画都是她情感的表达，都是独一无二的。从那以后，她变得更加自信，也更愿意表达自己。

其次是公平分配时间。我们家有个传统，每周轮流和每个孩子单独约会，无论是去图书馆，还是一起散步，都要确保每个孩子都能得到足够的关注。

再者是避免比较。我曾无意中在孩子们面前夸奖大儿子的学习成绩，然后我注意到了女儿失落的眼神。从那以后，我学会了单独表扬每个孩子，让他们知道，每个人都是特别且优秀的。

共同参与决策也很重要。我们家宠物狗的名字，就是全家一起决定的。孩子们提出的每一个建议都被认真考虑，这个过程既提升了每个孩子在家庭建设过程中的参与感，也让每个孩子都深切地感受到了自己被重视、被尊重。

个性化奖励和惩罚也不可忽视。大儿子喜欢阅读，每当他表现好时，我会奖励他一本新书；小女儿喜欢画画，她的奖励则是一套新的画笔。

鼓励团队精神同样重要。有一次，家中的菜园需要整理，我鼓励孩子们一起行动，他们分工合作，不仅完成了任务，还增进了彼此之间的感情。

设立规则和界限也不可或缺。我们家有一条规定，那就是每天晚饭后要一起收拾餐具。孩子们都知道这是我们的家庭传统，也都乐于遵守。

保持沟通至关重要。我常常鼓励孩子们写下他们的想法和感受，然后我们一起讨论，这样的习惯让我们的沟通更加顺畅。

提供平等的机会也是我们的责任。无论是学习新技能，还是参加各种活动，我都会确保每个孩子都有机会尝试。

自我反思是我们作为父母的必修课。每当夜深人静时，我会反思自己一天的行为，思考如何更好地引导和支持我的孩子们。

这里必须强调的是，每个家庭和每个孩子都是不同的，没有一成不变的规则。最重要的是，作为父母，我们需要根据自己家庭的具体情况来调整这些建议，用心去感受，用爱去引导，陪伴孩子们健康快乐地成长。

心灵滋养

精神富养,塑造孩子的健全人格

提起富养,许多父母首先想到的便是给孩子提供优越的生活条件,让他们吃穿皆上乘,接受最好的教育,尤其是女孩。但这样的"富养"真的正确吗?答案不绝对。过度的物质供给,一方面容易让孩子变得任性,甚至产生拜金的倾向;另一方面可能会让孩子养成挥霍无度、铺张浪费的习惯。一旦孩子有了这些毛病,将来步入社会后可能无法承受压力,无法独立生活,只能依赖父母。

在孩子成长的过程中,情感的滋养远比物质供给重要,它关系到孩子心灵的健康与性格的塑造。有些家庭,父母日夜奔波,忙于工作和赚钱,想要为孩子提供更优越的物质生活,却忽略了对孩子的陪伴,错过了孩子成长的宝贵时刻。孩子虽然生活在物质丰富的环境中，内心却是空虚和匮乏的，缺乏爱与安全感，常常感到孤独无助。

有的家庭，父母时常争吵，家庭成员间感情疏离，孩子在这样的氛围中长大，心中充满了不安与恐惧，缺乏对家的归属感。

那些在情感上未能得到充分"富养"的孩子，往往会表现出自卑、孤僻等性格上的缺陷，这无疑会阻碍他们的成长。对于孩子而言，他们渴望的或许不是昂贵的玩具或奢华的宴席，而是来自父母的陪伴与关爱。

爱，是孩子成长道路上最坚实的支撑。真正的富养，源自家庭给予孩子的满满的爱，需要家人及时回应他们的情感需求。特别是当孩子遇到挫折与失败时，如考试成绩不理想或比赛失利，父母的理解和鼓励至关重要。当孩子感受到被爱和被呵护，他们的自我价值感会得以提升，身心才能健康。

在这一点上，周先生做得比我更加出色。对于精神富养的问题，我和周先生达成了共识：精神的富养，就是陪伴。记得有一次，孩子们因为一次小失败而感到沮丧，他没有简单地用物质的东西来哄他们开心，而是坐下来，耐心地听他们倾诉，给予他们最真诚的安慰和鼓励。那一刻，孩子们的眼睛里闪烁着被理解和被爱的光芒，我知道，这正是他们最需要的"富养"。

有些家长，他们将"富养"理解成了对孩子的溺爱，舍不得孩子受一点点委屈，总是替孩子打点好一切，一旦孩子遇到难题，他们立刻挺身而出，替孩子解决。在这样的环境下成长的孩子，如同从未离开过温室的花朵，缺少锻炼和自我尝试的机会，独立能力差，不爱动脑，事事依赖父母。

还有的家长，他们把"富养"看作是对孩子教育的无限投入，一心希望孩子成绩优异、全面发展，成为他们心中的"完美小孩"。在这样的高期望中，家长们往往容易走入教育的误区：对孩子的期望过高，经常以自己的标准去衡量孩子，否定孩子的努力，按照自己的意愿安排和控制孩子的学习和生活。

如此，孩子即便置身于最顶尖的才艺班、辅导班，也可能在父母的不断否定中逐渐失去信心，开始怀疑生活和学习的意义，感到迷茫。这些错误的"富养"方式培育出的孩子，可能精神上贫乏，难以真正认识到自己的价值，无法掌握自己的人生方向。

真正的富养，不是简单地为孩子提供丰富的物质条件和资源，而是为孩子提供精神上的滋养和支持。不管家长如何富养孩子，孩子成长所需要的精神养分是不变的，那就是独立、自信、自主。这是塑造孩子健全人格、激发孩子内驱力的基石。

孩子宛如一株幼苗，随着成长渐渐摆脱对园丁的依赖，向着独立的天空伸展。作为父母，我们要顺应这种自然的生长规律，给予孩子足够的空间，让他们练习在生活的田野里扎根，学会自己汲取养分，独立面对风雨。

记得有一次，我家的小女儿想要自己尝试做一道菜。虽然她的动作笨拙，还将调料撒得到处都是，但我没有插手，只是站在一旁，微笑着鼓励她。当她终于端出那盘色香味俱不全的菜肴时，她眼中闪烁着自豪。

真正的富养，考验的是父母的智慧和教育方法。记得有一次，我们全家去郊外野餐，孩子们对那些简单的食物和简陋的环境感到新奇和兴奋。我告诉他们，快乐并不总是来自物质,更多的是来自心灵的满足。

家长的责任,不仅是保护孩子的自信,更要从正面引导和鼓励他们。我们要避免对孩子进行破坏性的批评和打击式的教育,那样做只会折断孩子自信的翅膀。我们要给予孩子充分的自主权,让他们有机会表达自己的看法,学会自己做出选择和决定。

我看到爱莲堂里的一个孩子,在父母的不断挑剔和贬低中,眼中的光芒逐渐黯淡。他本有着对绘画的热爱和天赋,却在父母的否定中开始怀疑自己的选择,失去了追求梦想的勇气。

让孩子得到富养,家庭的贫富情况并非决定性因素。真正重要的是孩子在成长过程中所接受的价值观教育和品格教育,这才是精神层面上的富养。

有一次,邻居家的小孩因为不小心打破了花瓶而哭泣,他的父母并没有责怪他,而是耐心地教导他如何面对错误,如何承担责任。从那以后,那个孩子变得更加勇敢和独立。

真正的富养孩子,是要让孩子的眼界变得宽广。当孩子见识过世界的丰富多彩,他们的内心会变得更加坚韧和平静，既能欣赏生活中的精彩，也能勇敢面对逆境中的挑战。想要增长孩子的见识，不在于为孩子提供多好的物质条件，而在于家长如何守护孩子的好奇心，为他们打开认识世界的大门。

记得有一次，我们带着孩子们去田野里观察植物，他们对每一片叶子、每一朵花都充满了好奇。我们没有直接告诉他们答案，而是鼓励他们自己去探索、去发现。孩子们的眼睛里闪烁着的对未知世界的渴望，这比任何物质财富都要宝贵。

家长可以让孩子去多尝试、多体验，去发掘他们的天赋和兴趣所在。当孩子找到自己热爱的事物，他们的一生都会因此而变得充实和有意义。家长可以带孩子走出家门，去见识更广阔的天地，去拥抱大自然，去感受不同地方的历史文化和风土人情，去发现人生的无限可能；可以引导孩子阅读和学习，在书的海洋中与古今中外的智者对话，去探索万事万物背后的原理，去体验不同的人生，去深化对这个世界和自身的理解。

富养孩子的见识，就是丰富他们的人生观、世界观和价值观。这样，他们的内心才能有底气和自信，才不会轻易被生活中的困难和挫折击倒，才有能力去创造属于自己的精彩和幸福。

富养孩子的心态，就是在孩子幼小的心灵深处播种富养的种子，那是一种心态上的富养。我们要引导孩子用乐观的眼光去看待生活中的每一件事情，无论是阳光明媚还是风雨交加，都要乐观积极对待。我们要教会他们，无论遇到什么困难，都要对自己保持信心，永远爱自己，相信自己的价值。

如今的孩子们生活在物质丰富的时代，然而，他们的心却似乎普遍笼罩着一层阴霾。有一些孩子对生活失去了信心，理想与信念变得模糊，没有明确的目标指引方向，对自己的要求日渐降低，不再追求上进，随波逐流，心理变得敏感而脆弱，面对困难和挑战时选择逃避和退缩，甚至自暴自弃。许多家长也对此感到困惑和束手无措。

心理学的研究成果告诉我们，消极的心态会让大脑的潜能受到抑制，不利于积极思考、汲取知识、进行创造性的学习。长此以往，不仅会限制他们的发展潜力，还会影响他们的身心健康。

但是，人生的道路从不会一帆风顺，困难和挫折总是不期而至。我们应当培养孩子积极乐观的心态，让他们无论在何种环境下，都能保持对生活的热爱和对人生的希望，并通过实际行动去创造自己想要的生活。富养孩子的心态，家长的榜样作用至关重要。

如果家长总是抱怨连天、情绪失控、生活杂乱无章，那么即使为孩子提供最好的物质条件，孩子也难以感受到真正的快乐。若孩子目睹父母过着索然无味的生活，那他们对未来又怎能抱有美好的期待？

因此，家长们首先要从自己做起，向孩子传递正面积极的能量，减少甚至不要在孩子面前抱怨和发脾气。家长认真而充实地过好每一天，这本身就是给孩子的最好的教育。

其次，在日常生活中，以及孩子的教育问题上，多从正面去看待和解释问题，培养孩子积极的思维方式。比如，和孩子约好的假期旅行因为不可抗力取消了，这时，家长自己首先要保持冷静，然后再耐心开导孩子："对于那些我们无法控制的事情，我们要学会接受。同时，我们可以一起制定一个新的、更有趣的计划，不是吗?"

当孩子遇到挫折时,不要只看到他们的错误和不足,而应该看到他们做得好的地方,并给予肯定和鼓励。用孩子的优点去弥补他们的不足,会让他们更有自信和勇气去努力完善自己。

从孩子幼年开始,我们夫妻就致力于培养他们的良好心态,引导他们以乐观的态度面对生活中的风风雨雨,教他们积极看待自己,永远对自己怀有爱意和信心。

我们的三个孩子,是我们两人快乐的源泉,也是我们不懈努力的动力。先生扮演着慈父的角色,而我在家中则承担起了严母的责任。我们在工作上各展其能,在教育孩子上亦是如此。

先生常常陪伴孩子们玩耍,带领他们去公园、游乐场,一起划船、放风筝,呼吸新鲜空气。他坚信,精神上的富养最直接的方式就是陪伴。哪怕并非出身书香门第,也可以通过多花时间陪伴孩子,让他们在日常生活中,从父母的一言一行中,从父母对待长辈的方式和处世智慧中,从父母每日的劳作和生活中,潜移默化地受到教育。这不仅仅是言传身教，更是一种家风的传承，是精神富养的根本所在。

有了这个根本，再引导他们学习新知识、培养新技能，就变得顺理成章。我们相信，这样的教育方式，能够让孩子们在精神上得到真正的富养，让他们的心灵得到滋养，让他们的人生之路充满阳光和希望。

我们鼓励孩子积极看待自己，欣赏自己的每一个闪光点，哪怕它再微小。我们告诉他们，每个人都是独一无二的，都有自己的光芒。我们陪伴他们一起发现生活中的美好，一起探索自己的潜能，一起建立自信。

我们家有一个房间，里面有一组宽敞的柜子，那是我们家的"荣耀方所"。柜子的一侧陈列着各式各样的手工玩具和乐高模型，那是先生用他那恒久如一的耐心，与孩子们一同创造的作品，也是孩子们在玩耍中迸发的奇思妙想的展现。我们把它们陈列出来，并非为了炫耀，而是为了鼓励，让孩子们的努力和创造被看见、被肯定。每当孩子们看到这些作品，就会回想起与爸爸一起度过的欢乐时光，对于那些画面和场景的记忆，比成果本身更有价值。那是父亲耐心的陪伴，无条件的包容，不断的鼓励，以及始终如一的支持。

柜子的另一半，被一张张奖状和证书装得满满当当，它们是孩子们的荣誉，也映照出我作为母亲的责任与陪伴。我陪伴孩子们参加各种比赛，看着他们勇敢地站在舞台上，展现自己的才华和努力，每一张奖状都是对他们坚持和汗水的肯定。

记得有一次，我们最小的孩子在一场绘画比赛中获了奖，他那张稚嫩的脸上洋溢着自豪和喜悦。我看着他，心中充满了骄傲和感动。那些奖状和证书，不仅仅是孩子们的成就，更是他们成长路上的宝贵记忆。

我时常提醒自己，这些荣誉只是孩子们人生旅途中的一小段风景，它们代表了过去，孩子们在参赛过程中所学到的坚持、勇气和自信，才是他们真正的人生财富。我鼓励孩子们，无论是否获奖，都要保持对世界的好奇和热爱，因为生活本身就是一场精彩的探险。

记得在一个阴雨绵绵的午后，孩子们因为不能去户外玩耍而感到沮丧，我便和他们一起坐在窗前，看雨滴如何滋润大地，听雨声如何奏出大自然的乐章。我告诉他们，就像雨后会有彩虹，生活中的每一次不如意，都是在为将来的美好铺路。

每个孩子的生命轨迹都是独一无二的,他们将在自己独特的生命旅程中去感受、去尝试、去犯错、去纠偏,然后再勇敢地继续前行。父母应该做的,就是相信他们,陪伴他们,以及无论在任何境地中,都能帮助孩子寻找到那份自在和愉悦的力量,如此,我们的生命便能彼此滋养、共同成长。在这样的世界里,没有所谓的牺牲,只有相互之间的成就和成长。

古人云:"授人以鱼不如授人以渔,授人以渔不如授人以志。"我们给予孩子的,不应只是物质上的满足,更应是精神上的引导和心灵上的启迪。我们要以爱滋养孩子们的心灵、以美德熏陶孩子们的灵魂,让他们在成长的道路上,学会独立思考,学会自我反省,学会在逆境中寻找希望,在顺境中保持谦逊。

在我们家,我和先生始终将孩子品性的塑造与培养作为重中之重。我们深知,世代相传的家风与祖先们的德行,是一笔无形的财富,我们有责任将其延续到我们的孩子身上。这不仅是对孩子成长的关怀,也是对我们自身德行的修炼。

我们常常提醒自己，要像古人那样"吾日三省吾身"，在日常生活中时常反省自己的行为是否符合"孝悌忠信，礼义廉耻"的要求。我们认为，教育孩子的过程，其实也是自我修养的过程。在教导孩子如何做人的同时，我们也在不断地修正自己，提升自己。

与其说是我们在教育孩子，不如说我们是在通过教育孩子来修养自己的德行。在这个过程中，我们更加深刻地体会到了"自正正人"的重要性。如果我们自己都不能以身作则，又怎能去要求孩子们做到呢？

记得有一次，孩子们在饭桌上因为争抢玩具发生争执。我和先生并没有一味地责备他们，而是耐心地引导他们学会分享和礼让。我们告诉他们，一个家庭就像一棵大树，每个人都是树上的枝叶，只有相互扶持，才能共同成长。

我们的三个孩子，每个都有自己独特的脾气和禀性。比如我们最大的孩子——大志，他有着山一样的沉稳。从他还在母腹中，到呱呱坠地，再到一天天长大，整个过程出乎意料地顺利，几乎没让我们费太多力气。他天生乐于分享，总是怀着一颗助人的心。

记得有一次，班里有个小朋友因生病吐了，其他孩子都避之不及，大志却毫不犹豫地拿起扫帚打扫，并给生病的孩子递上一杯温水。他对班上家境贫困的同学也特别关心，每次学校组织郊游，他都会多要一些钱，用来帮助他们买门票和食物。大志的英文成绩一直很突出，午休时，他总是乐于教其他同学学习自然拼读。他是个特别注重仪式感的孩子，每当通过自己努力得到奖品，他都会将其当作礼物送给我，以此来表达他的爱。

我们每年都会组织家庭参加公益活动，带着孩子们去贫困地区的学校走访，送去文具、衣物和体育器材。在那里，我们和当地的孩子们一起玩耍、安装篮球架、建立图书角、练习书法。这些活动不仅让孩子们感受到帮助他人的责任，也在无形中提升了他们的能力，开阔了他们的心胸。这些活动的费用都是从孩子们的压岁钱中支出的，他们也都乐于贡献自己的一份力量。

这些小小的善举，实际上就是精神富足的体现。真正富有的人，总是愿意分享，愿意伸出援手帮助他人。记得以前外出旅行时，我曾在一个乡村的墙上看到记录着乡村和家族历史的家训，其中有一句"富贵自慷慨"

让我印象深刻。富贵并不仅仅指外在的财富，有些人虽然拥有很多财富，对人却十分吝啬；而有些人尽管家庭条件不富裕，对人却慷慨大方，这是来自内心和精神的真正富足。

大志作为家中的长子，自然而然成了弟弟妹妹的榜样。他像一棵挺立的小树，不仅蕴含着强大的能量，还伸出枝丫为弟弟妹妹遮风挡雨。他以哥哥的身份，承担起了照顾大福和六福的责任，与他们一起玩耍，一起成长。

孩子们之间的相互陪伴，与父母的陪伴相比，有着不同的意义和色彩。当大福和六福争抢玩具，或者大志与大福因看法不同而发生争论时，我们不会轻易介入，而是让他们先尝试用自己的方式去解决问题，从而慢慢探索和找到彼此和谐相处的方法。当然，如果是原则性的问题，我们就会介入，但不是单纯地批评，而是帮助他们认识到自己的问题，发现对方的优点。

孩子们需要有勇气去探索世界，也需要有智慧去建立自己的规则，这是非常重要的。我们不能简单用一套标准去要求他们，这会限制他们的主动性和创造性。现在的许多父母可能过于关注管教，过于在意那些琐碎的事情，比如吃饭、睡觉、守时等。实际上，这些都是外在表现。我们应该让孩子们自己去尝试、去探索，哪怕打破了规则，也未尝不可。等他们了解到打破规则后的代价，那才是成长的开始。

这样的教育方式，让孩子们充满了活力和热情。他们在一次次的尝试中，不仅增长了胆识，也提高了情商和智商。随着时间的推移，孩子们的主动性会越来越强，他们会学会如何以更加成熟和负责任的方式去生活。

我见过许多聪明的孩子，他们虽拥有很强的学习能力，却似乎早早地失去了对生活的热情，这不免让人忧虑。我常与家长们交流心得，我告诉他们，我们应该把选择的权利还给孩子，让孩子成为自己人生航船的舵手。我们可以是他们的教练，是他们人生旅途中的同伴，可以适时地给予他们指引，但必须让他们掌握主动权。只有这样，他们才会愿意面对生活中的未知和挑战，愿意为自己的人生承担责任。若非如此，恐怕只会有越来越多的孩子选择逃避，选择依赖。

这一代的孩子，物质富足，他们渴望的是精神上的满足。因此，我们应当给予他们更丰富的精神滋养。除了陪伴，我们还要鼓励他们去尝试、去探索自己的兴趣爱好。我曾听一些母亲叹息，她们为孩子买了钢琴，报了音乐班，但孩子学了一段时间后便失去了兴趣，她们感到可惜。面对这样的情况，我总是安慰她们，孩子尝试过，就应该得到支持和肯定。他们已经聆听了许多旋律，触摸过琴键，对音乐有了感知。即便未来他们不会成为钢琴家，当他们需要放松时，或在孤独时，听听钢琴曲，享受古典音乐的美好，那也是一种精神上的慰藉。每一步的行走，都不会白费。

作为父母，我们也需要拥有这份胆量和勇气，为孩子提供坚实的后盾。无论孩子选择坚持还是放弃，我们都应该肯定他们所经历的。

我深知，这样的看法不是每一位家长都能认同的。在他们眼中，坚持是一种难能可贵的品质，是值得鼓励的。难道要像狗熊掰棒子一样无功而返吗？然而，真正的坚持应当建立在孩子内心愿意的基础上，这样的坚持带来的是快乐、是自在、是享受。他们应该发自内心执着追求自己热爱的事物，而非迫于外界的压力、束缚和苛求。就像有的孩子一旦跨入大学的门槛便失去了学习的动力；有的孩子大学毕业后，将毕业证交给父母便转身离去；还有的孩子走上工作岗位后，便再无学习的热情。

我们若将生命视作一条长河，便需放远目光，不局限于考上大学这一目标。我们如今在养育孩子时所做的点点滴滴，实际上都会汇聚成他们生命的河流。这条河流应该持续奔腾向前，而不是流着流着便干涸了。我们当然希望孩子能勇往直前，他们应该有能力打破旧有的河道，走得比我们更宽广、更遥远，这正是教育的意义所在。愿所有的家长朋友们都能够认识到这一点。不要用你的目标束缚孩子的成长，要明白生命的潜力是无穷的，我们所能做的就是成为孩子的垫脚石、敲门砖，让他们从我们这里起步，飞得更高，"青出于蓝而胜于蓝"。

在古人的世界里，礼、乐、射、御、书、数这"六艺"是相互通达的。在学习六艺时，他们懂得从自己感兴趣的一点着手，一通则百通。但这一切的前提是给予他们足够的空间和时间,去发现那块属于自己的长板,去追寻内心真正的兴趣,这样才能深入学好一门技艺,达到精通的境界。

以书法为例,我曾见过几个拥有书法天赋的孩子,他们一拿起笔,便能自然地书写,仿佛这是他们与生俱来的能力。在老师的悉心指导下,经过长期练习和磨砺,他们中有的人能够挥毫泼墨如有神助,写出的字与他们的个性和气质融为一体,见字如见人,那一笔一画背后,其实是他们的修养和精神世界的映照。

记得有一次,我看到一个少年在练习书法,他全神贯注地沉浸在自己的书写世界里,每一笔每一画都透露出他的专注和热爱。随着时间的推移,他的字越来越有力度,越来越有韵味,仿佛他的灵魂就藏在那些字里。

我们也曾被一幅字画深深打动,甚至感动落泪,那是因为我们与作品之间产生了精神上的共鸣。弘一法师年轻时便以书法闻名,而他晚年所书的"悲欣交集",从字形上看或许并无特别之处,却被誉为"神品"。何为神品?这些字已超越了形态,它们携带着无限的精神力量。若能领会,便能直接触及心灵;若不能领会,便只能停留在形态之上，无法体会。当我们凝视这些字时，其实是在与他的精神对话。

其实，每个人都是独一无二的艺术家，只要他们能够表达出自己的思想，一个个丰富而深邃的精神世界将会呈现在人们眼前。有的人通过书画来表达，有的人通过音乐来表达，有的人在人际交往中展现，还有的人在数理化等科学领域中展现……每个人都是不同的，只要我们放下固有的标准，让每一株小草都能展现它的秀美，让每一棵松柏都能展现它的坚韧，让每一朵牡丹都能绽放它的华贵，让每一株莲花都能在污泥中保持它的纯洁……让每个人都能心怀光明，照亮内心的每一个角落。

这，便是精神的富养。

第四篇 富养之承：育儿与教育

品格培育

德才兼备，富养孩子的全面发展

家庭教育，它的核心在于教人如何成为人，即德行的培养。在西方，知识与道德教育如同两条平行的溪流，学校是知识之水的源泉，而教会则是道德之水的源泉。然而，在中国传统文化的沃土中，无论是家庭教育、学校教育还是社会教育，知识与道德教育都是相融相生、交织在一起的，而且道德教育总是占据着更重要的位置。《中庸》所言的"尊德性而道问学"，便是对这一理念的精妙阐释。

在古代，天地被视为德行的最高象征。孔庙之中，对孔子的赞颂"德配天地，道冠古今"，以及"天无私覆，地无私载"，都在告诉我们，天地孕育万物是自然而然，并非出于占有的目的。中国古人的德行教育始终在强调个人修养的不断精进，个人德行的不懈提升。

对于我们现代人而言，道德教育依然至关重要。我见过许多父母因孩子的教育忧心忡忡，如果我们既想自己快乐，又想让孩子成才，那么我们必须重视三样东西：德行、情商和胆识。这三种品质，是现在的学校难以明确教授给学生的。即便学校有所涉及也是轻描淡写，真正的根基需要家庭来建立。如果家庭不能给予孩子这三种品质，即便孩子拥有再多的才能和知识，没有内在的支撑，也会如失了手柄的鸡毛一样散落一地。

这样的例子比比皆是，尤其是近几十年，出现了一些"高分低能"、精致的利己主义的孩子，他们缺失的正是那根精神上的支柱——德行、胆识和情商。

这三种宝贵的品质是如何传承的呢？首先，家长自己必须具备。如果家长自身便是集胆识、德行和情商于一身的典范，那么即便没有万贯家财也无关紧要。因为一个心怀光明、德才兼备的人，其内在的光芒自然会照亮孩子的成长之路，孩子也会在潜移默化的影响下变得与众不同。这种影响并非通过语言教授的，而是通过以身作则的方式浸润到孩子的灵魂中，这就是所谓的家风,或称之为门风,它渗透在日常生活的每一件小事中。只要孩子跟随这样的家长,便会自然而然地养成这样的气韵。

许多人将孩子的成长推给学校,然而学校并不具备这样的功能,也永远无法取代父母的位置。特别是在当下,学校更加无法承担这一角色。学校究竟是做什么的呢？学校是传授知识和技能的地方,是培养胆识中的"识",智商中的"智",德与才中的"才"的地方。而对孩子的教育需要把握根本,这个"本"就是德才中的"德"、情商中的"情"、胆识中的"胆",把握住这三个根本,其他的问题便不足为虑。也就是说,我们必须明确区分,何为根本,何为细枝末节。

在当下,不少家长似乎忘记了"本"的重要性,或许他们自身就未曾拥有过这个"本",或许家长自己也认为胆识、德行、情商这三者并不重要,总之,他们将"能"凌驾于"德"之上,把教育孩子的责任推向外界,希望通过更换学校来让孩子获得外在的三种东西:知识、技能、智商。他们期待孩子能在压力之下有所成就。但这样的培养,最终会结出怎样的果实呢？可能并不能如家长们所愿。

　　这就是教育中的本末倒置。而那个"本"，只能在家庭中培育，它需要由父母或其他长辈——孩子们最为信赖、最为亲近的人亲手栽种。在孩子们心中，这些人是让他们感到安心、可靠的存在，是他们情感的港湾，是他们价值观和人生观形成的第一任老师。

　　"胆"，这个字眼听起来简单，却承载着深刻的意义。它意味着要让孩子从小开始尝试生活中的一切。作为父母，我们自己首先得有这份胆量，因为如果我们自己缺乏勇气，孩子也会受到影响，变得畏缩不前。我们是否因为自己的恐惧，而限制孩子去探索那些超出我们认知的领域？

　　如果家长有胆量，敢于放手，让孩子去尝试，孩子自然也会拥有这份胆量，那么见识和智慧便会随之而来。胆量是在生活的点点滴滴中培养出来的。如果作为家长，总是勒令孩子这不许碰、那不许摸，孩子又怎能勇敢起来？我们应该告诉孩子，他们可以去尝试任何事情，没有什么是不可尝试的。有了胆量的孩子，就像树苗有了坚实的根基。

要知道，孩子并不愚笨，如果他们知道无论受到什么伤害都能在家中得到疗愈，他们就会有安全感，就不会到外面去寻找在原生家庭中缺失的关爱和支持。这就是胆量的源泉。

有的孩子在家庭中感受不到温暖，等到成年后，或许能在伴侣那里找到慰藉和安全感，但他们内心却可能永远无法充盈。哪怕当他们自己成为父母，可能也无法无条件地给予孩子那份大胆的支持，因为他们自己从未得到过充足的滋养，他们的胆量已经被限制。

所以，"胆"是需要被滋养的，不仅仅是放手，更需要支持。支持意味着什么？是从语言和行动上告诉他："去尝试吧，孩子，即使犯了错也没关系，父母会帮助你。"永远支持孩子大胆去尝试，越是大胆放手支持他们，孩子自己越会有分寸，也能越快越好地形成自己的见识和理解。所以归根结底，"胆"是在家庭中培养出来的。

情商，那是与他人心灵相交的微妙艺术，是与这个世界温柔对话的能力；智商，则是我们与物质世界互动、解决问题的工具。那么，情商该如何培养？它并不复杂，它体现在家长的言谈举止中。有情商最基本的表现是我们思考问题时是否能将他人放在心头。如果总是将自己置于首位，那显然是缺乏情商。培养孩子的情商其实并不难，它简单到可以在生活的任何小事中进行：助人为乐、先人后己、舍己为人。

孩子们天生渴望成为情商高的人，他们懂得这样的能力能带来友谊，能让他们的道路更加宽广，他们不愿意成为自私的人。若想让孩子的情商高，家长自己首先需要具有高情商。高情商意味着在面对任何事情时，都能为他人着想，总是将他人放在前头。

只要家长自己能成为孩子的正面榜样，孩子们自然而然就会成为高情商的人。拥有了高情商，孩子们会发现，他们的朋友越来越多，他们人生的道路越来越宽广，他们的一生将会因此而充满阳光。

"德"这个字，看似简单，实则包含了深邃的意义，它是一个人的内在修养和外在表现的总和。古人云："修身齐家治国平天下。"德之于人，犹如根之于树，无根则树不立。古人认为具备了八德——孝、悌、忠、信、礼、义、廉、耻——之人是真正的君子，也就是情商极高之人。想成为兼备八德的高情商人士是很难的，但若一步步从小事做起，做到不自私，便是具备一定的情商了。也就是说，如果"德"到位了，"胆"和"情"就不可能掉线。

如果"德"的修养更高，便达到了圣贤的高度。孔子曰："君子坦荡荡，小人长戚戚。"君子的心胸宽广，能够包容万物，这正是"德"的体现。老子曾言："上善若水，水善利万物而不争。"一个人的道德修养达到最高境界时，便如温润的水一般，孕育生灵却从不耀武扬威、沾沾自喜，滋养万物却从不奢求回报、患得患失。当家长能够以德为先，他们的孩子也会在这样宽广的胸怀中成长，自然而然地拥有胆量和情商。

总之，支持孩子时，我们应如古人所言"拂钟无声，当机立断"，不应有任何犹豫。因为孩子的心灵纯净而敏感，他们能感知到我们内心的每一次动摇。如果父母始终如一，毫不犹豫地支持孩子，并且不断鼓励他们去尝试，那么孩子的胆魄和情商自然会得到提升。

正如现代教育家叶圣陶所说："教子如种树，养人如养花。"如果家长的"德"极为深厚，胸怀宽广，具备胆识，能够做到"拿得起、看得破、放得下"，那么便是精神上的贵族，教育孩子自是不在话下。反之，如果家长内心匮乏，无法做到这些，那么想要培养出有"胆识"和"情商"的孩子也会变得困难。

"德"是修养的高度，古人认为，只有先修身才能齐家、治国、平天下。个人道德修养的高低是家庭是否幸福、国家是否和谐昌盛的关键因素，孩子是国家未来的建设者，因此对其进行道德教育十分重要。在培养孩子德行的过程中，家长修养的高度，决定了孩子的眼界和格局。"德"本身就是一种格局。它综合了眼界、胸怀、心性、品德等等，所有的美好品质都蕴含在"德"之中。至于如何培养"德"，我个人以为，应遵循古人的安身立命之道，这也是我后续要探讨的。

在不断学习和对孩子们的观察中，我深刻认同这样的观点：孩子真正的内在修养，是在家庭的温馨港湾中塑造的，那里有无人能取代的父母之爱。正如古人所言："以身教者从，以言教者讼"，培养孩子的情商，家长的身教重于言教；孩子德行的提升，唯有在家长有德的基础上才能进行。

家长要做好三件事：首先是培养"胆"。如《论语》中所说："勇者不惧。"家长应多支持孩子的选择，多赞美和鼓励孩子，多给孩子尝试的机会。其次是培养"情商"。情商的养成，需要家长自己多行助人为乐之事，做到"己欲立而立人，己欲达而达人"。最后是培养"德"。孩子的德行培养，完全依靠家长自身的德行，家长有"德"，孩子自然会效仿。这些都是家风，都需要家长给孩子树立榜样。

家长若能做好这三件事，孩子就如同那根坚实的鸡毛掸子，有了内在的"棍儿"。如《道德经》所言："大丈夫处其厚，不居其薄；处其实，不居其华。"鸡毛掸子若无棍儿，即便羽毛再多，也不能成为一根合格的鸡毛掸子。如果家长能将"胆、情、德"给孩子树立起来，孩子的世界将会无限延伸，生活也将充满喜悦和无限可能。孩子将因此快乐成长，家长也能安心、如意。孩子的所有能力，都能得到充分发挥。

因此，我很欢迎那些来到爱莲堂书画院的大人们。家长首先要提升自己的格局和眼界，做好家风的传承者，成为孩子效仿的榜样，成为真正的大人。如现代教育家陶行知所说:"学高为师,身正为范。"家长的言行,就是孩子最好的教科书。

最好的教育,宛如一条悠悠长路,它让我们在阅读万卷书的同时,也行遍万里路。我和周先生曾怀揣着游历壮美山河的梦想,渴望踏遍世界的每一个角落。但由于工作繁忙和孩子们的到来,这个梦想一直搁置,直到这几年,我们才开始在每个节假日带着孩子们踏上旅途。

我们去海南享受椰林树影的宁静,到敦煌感受千年文化瑰宝的韵味,到新加坡体验都市的繁华……每一次旅行,都像是为孩子们的世界打开了新的窗户,让他们发现,在自己所熟悉的小天地之外,还有更加辽阔的世界。

孩子们在各地的自然景观和人文景观中,开阔了视野,学习了历史,体验了不同的文化和生活方式。这样的旅行,就像在他们心田里播下的种子,随着时间的浇灌,这些种子会生根发芽,让他们眼中的世界变得更加绚丽多彩。

那年在新加坡,我们一家人在游乐场玩,过山车如巨龙般蜿蜒盘旋,给大志和大福带来了无尽的兴奋与期待。他们眼中充满了渴望,急切地想要体验那风驰电掣的感觉。然而,我和先生却因儿时未曾有过这类体验,加之成年后的谨慎,心中不免生出了胆怯,对于尝试这样的危险游戏,我们犹豫了,甚至有些抗拒。

但大志,他的小小身躯里藏着大大的勇气,他认真地说:"人生就是要不断挑战自我!"他那渴望尝试的眼神和坚定的话语,让我们为之一震。我和先生交换了一个眼神,彼此点头,心中涌起一股力量。这不也是我们成年人的一次自我突破吗?

于是,大志带着妹妹勇敢地迎接了挑战,并且用欢笑和胜利完成了体验。他们体验后的那份喜悦——他们跳跃着,仿佛自己是征服了世界的勇士——也感染了我们。孩子们正是在这样一次次的尝试中不断成长,无论结果如何,我相信他们都会心怀热爱,因为这是他们自己的选择。他们享受了过程,他们在每一步都尽了全力,至于结果,则顺其自然。

我心中忽然浮现出一句话:"只问耕耘,不问收获。"当孩子们不被结果所束缚,他们会全身心投入每一个过程中，体验生活带来的每一份精彩。

我们成年人，其实很少真正体验全力以赴的滋味。全力以赴地投入，全力以赴地学习，全力以赴地思考，全力以赴地去爱……往往是因为对结果的渴望或对未知的恐惧，让我们心中充满了纠结和犹豫。而孩子们则不同，他们没有那么多的顾虑，对他们来说，最重要的是去体验。当然，如果结果令人满意，他们也会欢喜，但那种满足感只是短暂的，真正难忘的是整个过程，因为在每一个瞬间，他们都在全力以赴。

家长们的放手和支持，是孩子们成长道路上不可或缺的动力。每当我回想起我们让孩子们去迎接挑战的那一刻，心中便充满了欣慰。那个决定现在看来是多么正确和必要。这样的精神品质，将会伴随他们一生。无论是在学习上、工作中，还是日常生活中，他们都将全力以赴、尽情尽兴，活得光明磊落、坦荡无私。他们将展现出君子的风范，以一种优雅而自信的姿态，面对生活中的每一个挑战。

2023年国庆节，我们一家人又一次踏上了旅途，这次是去澳门。澳门观光塔上的"空中漫步"项目，以其全透明的、高悬于 223 米高空的户外玻璃栈道，吸引了大志好奇的目光。当我站在栈道边缘，一眼望去，只觉得双腿发软，心里打鼓。但大志却坚定地说："你们自己不敢尝试，为什么要阻止我呢？"这句话惊醒了我。我既感到羞愧，又感到欣慰。羞愧于自己因胆怯而想要限制孩子，欣慰于孩子没有被我的限制所束缚，勇敢地挑战自我。

孩子顺利完成了整个项目，当他从云端归来，踏入室内的那一刻，我情不自禁地拥抱了他，满含激动与骄傲的泪水悄然滑落。大志一边安慰我，一边兴奋地给我分享："妈妈，外面的景色真的好美，是站在地面上永远看不到的。"

孩子的话语时常回荡在我的耳边，它充满了哲理。它让我想起《庄子》中的句子，"朝菌不知晦朔，蟪蛄不知春秋""井蛙不可以语于海者，拘于虚也；夏虫不可以语于冰者，笃于时也"。我们的见识总是有限的，每一层楼的风景都不相同，我们不能用一楼的眼光去揣测十楼的世界，只有真正站在那个高度，才能真正懂得。

正是这样的胆识和勇气，让大志对参加学校的演讲比赛充满了向往。虽然站在众多同学和老师面前讲话让他感到紧张，但他仍然决心接受这个挑战。我们一路见证他为了比赛充分准备，鼓励他克服内心的恐惧，然后满怀期待地看着他登上舞台，见证他突破自我的那一刻。他未来的人生道路上，或许充满了各式各样的挑战，但拥有这种不畏挑战的精神品质，对他来说无疑是战胜挑战的法宝。

总结一路走来我们养育孩子的方式，更像是一场随遇而安的旅行，我们喜欢带领他们去探索未知的世界，去感受那些从未去过的环境。由于我们一直在南方生活，对于北方的严寒几乎一无所知。因此，我会在寒假时，带着孩子们前往东北那片最寒冷的土地，围坐在温暖的炕头，品尝着热气腾腾的大锅饭，或与孩子们一同在雪地上滑行，去探访那传说中的狗熊岭，目睹那如梦似幻的冰雪世界。

孩子们初见雪景，那从心底涌出的喜悦之情深深触动了我。尽管他们的小脸被冻得红扑扑的，却依旧愿意在户外嬉戏。在冬日的寒风中品尝雪糕，咬上一口甜中带酸的冰糖葫芦，对于我们这些南方长大的孩子来说，这些体验无疑是难以忘怀的。

在我们家,每个人都遵循着勤俭、勤劳、勤学的家风。记得书画院分校开业前夕,需要彻底打扫一番,我和孩子们一起动手,将每一个角落都擦洗得干干净净,准备迎接那些即将来学习的小朋友和大朋友。在这个过程中,我带着孩子们一同感受我们所投身的事业,他们不仅从中感受到了快乐,更体会到了责任。因此,在我们的几个培训学校中,经常能看到我三个孩子的小小身影,他们都在帮忙做力所能及的工作。

在家中,我会带着孩子们去给蔬菜浇水、捉虫,或是带着他们一起摘菜、洗菜,一家人围坐在一起包馄饨。这些日常的家务活,不仅给孩子们带来劳动的体验,也让他们在家中感到放松和自在。这里有热腾腾的饭菜,有共同劳作的汗水,也有一起分享劳动成果的喜悦。

我们家的三个孩子就如同三颗不同的种子,各自拥有不同的天赋和特长,而且每个孩子都有自己独特鲜明的性格。在参与他们成长的同时,我深刻意识到教育的真谛在于因材施教,而非用同一把尺子去衡量所有的孩子。正如古人所言："因材施教，各得其所"，孩子们之间的差异不应成为比较的对象，这是教育中应当注意的。

在我们家，哥哥自然而然地成了弟弟妹妹的榜样，他们学习的是哥哥的品格和精神，而非单纯模仿哥哥的行为。我们注重平等，努力让孩子们感受到父母对他们一视同仁的爱。无论是奖励、赞美还是必要的惩罚，我们都力求公平，在确保每个孩子都要学会为自己的行为负责的前提下，做到不会因为一个孩子的过失而让另一个孩子受到牵连。

我也看到过一些家庭里，有了第二个或第三个孩子之后，父母便把照顾弟妹的责任一股脑儿地推给了大宝。他们或许认为，大宝年长，理应处处让着弟弟妹妹，处处担起照顾之责。然而，这是一种误解。所谓"兄友弟恭"，是要让大宝可以用自己的方式去引导弟弟妹妹，用自己的品格去影响他们，而不是被动地接受父母的安排去照顾他们。

每个孩子都是独立的个体，他们之间的关系，应当建立在相互尊重和爱护的基础上。大宝可以成为弟弟妹妹的榜样，用自己行为的力量去启发他们，而不是简单地承担起照顾他们的责任。这样的关系，更能培养孩子们之间的情感，更能激发他们内心的力量。

"爱"这个字，它轻如鸿毛，又重如泰山。它如同山间飘缈的云雾，难以捉摸，却又无处不在。我们中国人总喜欢把爱藏在心底，不轻易说出口。我们的爱，无论是父母对孩子的爱，还是夫妻之间的爱，总是那么含蓄，那么深沉。

父母对孩子的爱，不是空洞的语言，而是实实在在的行动。它渗透在生活的点点滴滴中，它体现在日常的一言一行里。孩子们能感受到的，是父母爱的外在表现，是那些看似微不足道却又温暖人心的细节。

我能回忆起的父亲对我的爱，是在小时候的那些夜晚，父亲放弃了自己的休息时间，陪伴我一起学习；是月上枝头时，父亲轻声劝我早点休息的温和话语；是在每一个清晨，父亲为我准备我最喜欢吃的早餐；是在我为朋友打抱不平时，父亲眼中含笑的支持；是在我选择离开舒适区去追求自己的梦想时，父亲坚定的鼓励和支持……

还记得我之前提过的,我们家的那个"荣耀方所"的柜子吗?那里面有我陪伴孩子走过的"比赛"之路的点滴记录。谈及"比赛",家长们心中或许会涌起丝丝忧虑,总担心竞争太过激烈,会让孩子压力太大。奥林匹克精神本是追求"更快、更高、更强"的自我超越,我们鼓励孩子们通过刻苦训练,挖掘自身潜力,完成对自我的挑战,无论是在脑力、体力还是艺术领域。正如古人所言:"胜败乃兵家常事",我们不应恐惧比赛,也不应过度在意排名,因为这些不过是孩子成长的阶段性反馈。

记住那句话:"只问耕耘,不问收获。"若我们不拘泥于结果,参与本身就是一种胜利,相信孩子们会在其中找到乐趣。例如,曾经盛行于先秦时期的乡射之礼,那不仅是一场比赛,更是一场盛大的庆祝,激发人们挑战自我,进一步提升技艺。

然而,许多家长过分看重名次。因为顶着父母的过分期待和要求,孩子便难以享受比赛的乐趣。如此,本应成为自我前进动力的比赛,反而变成了沉重的压力。这是社会的普遍现象,我们这一代父母需逐渐转变观念。若为了比赛和考试而训练学习，孩子会缺乏真正的内在动力，不仅难以坚持下去，也难以寻得乐趣。

通过比赛和考试激发孩子的兴趣，唤醒孩子的潜能，这才是比赛和考试的真正意义，也能借此培养孩子积极向上的心态。在我们的艺术和书法培训中，虽然也有考级，但我们更重视的是学习的过程，并不过分强调成绩。家长们若能转变认识，既不过分看重成绩，也不惧怕考试，孩子在宽松自由的氛围中成长，定能成为身心健康的人。

我的办公桌上摆放着一张张定格时光的照片，那是岁月的痕迹。有孩子们成长的各个阶段的留影，也有我和先生相伴的身影。在这些照片中，最为显眼的是我们全家的合影。每年春节，我们都会带着孩子们去照相馆拍摄一张全家福作为纪念，这已成为我们家的传统。我们一家五口，宛如一朵盛开的莲花，每个人都是其中一片花瓣，我们紧紧相拥，组成一个温馨与幸福的家庭。

虽然周先生与我如今取得了一些成就，但这仅是孩子们人生旅途的起点。三个孩子，他们是未来的化身，我们希望他们能在这个起点上，成长为德才兼备的谦谦君子，如同未经雕琢的玉石经过时间的打磨，逐渐显露内在的光彩，这正是成长的意义。

正如古人所言："青出于蓝而胜于蓝。"终有一日，孩子们将长大成人，他们将离开这个温暖的巢穴，去追逐自己的梦想。我们家的"莲花"将孕育出"莲子"，而这些"莲子"也将成长为新的"莲花"。在这个爱莲的家中，我们将一直传承那股清香远溢、温暖和煦的家风，以及那正直不阿的君子之道。

第四篇　富养之承：育儿与教育

财富与传承

家族财富的富养之道

金钱、房产、企业，文化、品牌、精神……物质的财富与精神的财富，我们真正理解了多少？又领悟了多少？我们渴望拥有它们，却又害怕失去，没有时渴求，有了又患得患失。

我们先来谈谈金钱。金钱的本质是什么？钱币最初被创造出来，是为了衡量价值和作为交换的媒介。金钱本身并无好坏，也不能决定幸福与否。我们常说铜臭味，甚至有人认为金钱代表贪婪、邪恶，其实这是误解了金钱。

我认为，金钱是我们对社会和他人做出贡献后，获得的回馈和报答，与其他附加的东西无关。只要本着这一点，我们就不会因得不到金钱而苦恼，也不会因拥有金钱而被蒙蔽双眼，更不会浪费和挥霍。如果我们想要获得更多的金钱，就要做出更多的贡献，想要付出和贡献更多，就需要提升自己的能力；想要提升能力就需要学习和实践；想要更多学习和实践的机会，就需要年轻时多积累知识，工作后继续努力学习，提升自身。这时我们会发现，学习和工作不再是压力，而是动力，这个动力背后是对知识的探索欲和好奇心，以及服务他人的责任心和使命感。这样看来，金钱对一个人的反向帮助作用就非常清晰了。

如今，一些孩子在学习的道路上迷失了方向、失去了动力，其中一部分原因是我们常将一连串的等号强加于他们：学习好等同于考上好学校，考上好学校等同于获得好工作，获得好工作等同于赚得盆满钵满，而赚得多则等同于得到幸福……这样的逻辑链，其实并没有触及金钱的本质，反而让我们成了金钱的奴隶，被它操控。若以这样的心态成长，步入社会后，也可能因金钱走上歧途，因金钱迷失自我，因金钱忽略品质，甚至因金钱失去道德的底线。

幸运的是，我和先生早已认识到这一点，这也是我们在创建爱莲堂和艺术培训过程中，始终提醒自己的一点。我们不会为了金钱而牺牲任何细节，不会"偷工减料"，不会诱导客户办卡续费……我们始终从付出和贡献的角度去思考，去发现我们能做的事情，去洞察大家的需求，去吸引更多志同道合的人加入我们的行列。

这就是金钱的正面力量。我希望能够将这份认知分享出去，让更多的年轻人重新审视学习、工作与金钱之间的关系，理解它们真正的意义。

谈及金钱教育，我们常会问孩子们："孩子们，你们知道钱是从哪里来的吗？"孩子们的回答五花八门，有的说是从银行里来的，有的说是从妈妈的口袋里或是手机里来的，还有的说是过年时大人给的。他们对钱的来源并没有清晰的概念，也未曾体验过赚钱的辛劳，因此对花钱也缺乏深刻的认识。千百年前的古人已经有了"不劳动者不得食"的理念，我也会耐心告诉孩子们，钱是爸爸妈妈通过满足大家的精神追求，为大家做出贡献后得到的回馈。

我经常带孩子们去我们的工作场所，让他们亲眼看到我们的工作过程。让他们看到清洁工阿姨是如何通过为大家服务获得金钱回馈，商店的哥哥是如何通过满足人们的需求获得金钱回馈，餐厅的叔叔是如何通过为大家提供美味营养的餐食获得金钱回馈……每一个人，都在为他人和社会付出，付出自己的时间、智慧、经验、能力、创意等等。正如《论语》中所说："敬其事而后其食。"

获得金钱回馈，一方面是为了让家庭成员改善生活，这是我们的责任；另一方面也是为了养好自己，提升自己，让自己有更多的精力和能力去付出。父母不去挥霍，孩子们也会学会珍惜自己付出所得，自然就会懂得惜福。在这样的良性循环中，相信每个人都能找到乐趣，与金钱成为好朋友，而不是成为敌人。正如宋代学者家颐在《教子语》中所说："教子有五：导其性，广其志，养其才，鼓其气，攻其病，废一不可。"

我有一个朋友，曾在一次闲聊中提起，她去接孩子放学回家的路上，孩子突然仰起小脸问她："妈妈，咱们家有钱吗？"孩子才五岁，这个问题让她有些措手不及。她愣了一下，假装没有听见，轻描淡写地转移了话题。后来她对我说，她真的不知道该如何回答。如果说没有钱,她怕孩子从小就有心理压力;如果说有钱,她又怕孩子会因此奢侈浪费。我完全能理解她的难处。

我记得我家的孩子也曾问过他爸爸同样的问题,我记得爸爸当时是这样回答的:"我有钱,你没有。我的钱是我多年勤奋学习,用智慧换来的。我投入了大量时间精力,通过勤劳工作得来。将来,你也可以通过勤奋学习获得知识,再用你的勤劳和智慧去赚取金钱。"

从爸爸的回答中,孩子会得到几方面的启示:爸爸确实有钱,但那是爸爸的;爸爸的钱是通过勤奋学习、勤劳工作和付出智慧挣来的;如果我自己想要有钱,也需要通过这样的途径去获得。这样简洁而深刻的对话,足以让孩子对金钱的本质有初步理解。

孩子有时会问我:"妈妈,我可以提前拿下个月的零花钱吗?"在没有特殊缘由的情况下,我通常不会同意。我们给孩子零用钱,意在让他们学习如何做简单的财务规划,教会他们为了实现更大的计划控制自己的小欲望,学会忍耐,学会期待。

如果孩子坚持要预支,我便会引入"借贷"的概念,"你可以像借款一样从我这里提前拿到零花钱,但需要支付一定的利息。如果你能在两个月内通过做家务来偿还这笔钱，我就不收利息。如果两个月内你未能还清，我将每月收取 2% 的利息。你愿意接受吗？"孩子可能会选择放弃，也可能会接受借款。如果他接受借款，那么我就会让他签一份合约，写下借据，并妥善保管。

在这个过程中，如果孩子通过劳动偿还了债务，我会告诉他："你的信用很好，已经还清了借款。"如果临近还款期限孩子还未还清借款，我会友情提醒他，要尽快攒钱还债。

这些问题并非每个孩子都会提出。但我认为，在生活中，我们需要尽早给孩子灌输关于金钱的意识。当孩子提出问题时，我们可以借此机会用言语引导他们；如果孩子不问，那就需要我们通过行动来潜移默化地影响他们。正如古人所言："授人以鱼不如授人以渔。"我认为父母应该早些向孩子阐释金钱的意义，让他们明白金钱是用来服务社会、服务他人的，让他们知道只有用服务的精神去工作，才能得到金钱。

我们家孩子们的压岁钱和平时的零用钱，我向来让他们自己支配。我常对他们说:"这是属于你们的钱,怎么花由你们自己决定。"他们每个人都有一个小小的账本,一笔一画地记录着他们的每一笔支出。这就像是他们自己的一片小天地,能让他们学会自我管理,自我负责。

我们还设立了一个"糖果银行",孩子们每获得一份荣誉,都可以获得一定数额的"糖果值"。他们做家务、照顾弟妹、在学校做了好事,都会得到相应的"糖果值"。这有点像过去学校给孩子们颁发的小红花,只不过我们的"糖果值"是可以兑换成钱的,兑换的钱也由孩子们自己来管理。

当然,孩子们有时会一次性花掉所有的"糖果值",有时又会攒很多。这些情况我都不太干预,我相信随着时间的积累,他们自己会知道怎样做才是合适的。但我们也会教导他们要量入为出,要节俭,这是对生活的一种珍惜。"俭以养德",我们希望孩子们能够学会珍惜手中的每一分钱。

当然,我们也不希望他们过于吝啬。只要是将钱花在满足自己的兴趣爱好、探索自己的潜能上,都是值得的。我们鼓励孩子们去尝试、去体验，去发现自己的兴趣所在。

此外，我们也会引导孩子们去理解：金钱固然重要，但它并不是一切，赚钱也并非生活的全部意义。正如古人所言："知足者富。"真正的幸福源自内心的充实和精神的富足。

如果我们不能正确认识金钱的正面作用，在使用金钱时，就可能难以抵挡诱惑，陷入无度挥霍的境地。有的人沉迷于游戏，不惜充值数万；有的人在网络上疯狂打赏主播；还有的人追逐奢侈品，购买昂贵的车辆。当欲望与实力不匹配时，有的人为了获取金钱不惜铤而走险，触犯法律，或是因借贷过多而无力偿还，给自己和家庭造成沉重的打击，无论哪一种，付出的代价都是巨大的。

许多企业家同样面临着一个问题：在为孩子积累物质财富的同时，如何将那些宝贵的精神品质传递给他们。这不仅是一个难题，更是一次机遇。

家族的财富，不仅仅是那些可以触摸到的金银财宝，更包含了那些无形的精神财富。许多创业者，包括我在内，都在深思一个问题：我们的企业要如何传承？我们真正能留给孩子的，除了外在的物质，还有什么？

　　我也曾在无数个夜晚自问：如果我告别了这个世界，我希望孩子们记住什么？当他们想起我，脑海中会浮现出怎样的画面，又会给予我怎样的评价？我期望我们的家风怎样一代代地传承下去？

　　物质财富、有形的资产都是容易辨识和衡量的，它们面临的是如何保值增值的问题。对于企业家来说，经营理念、创办企业的初衷和使命，以及企业的品牌等无形的资产的价值远远超过了银行账户里的数字。如何保持初心、不辱使命，这其实是一件颇具挑战性的事情，因为每一代人的认识、价值观、行为方式，以及所处的环境，都是如此的不同。

　　我们希望我们所做的事业，尤其是爱莲堂这个品牌，能够一代代传承下去。因为弘扬祖辈的志业、传播传统文化是我们的责任。我们会将这个事业作为终身的使命，如果能延续几代，那自然是最好的。但这也要看孩子们的天赋、兴趣和爱好，也需要依靠家风和家教的力量。

一切有形的资产与无形的精神财富，背后都与家风的传承紧密相连。家风承载着品德、修养、三观，这些才是我真正渴望探究和学习的财富传承的核心。或许我们的后代将在不同的领域各自绽放，但他们若能保持一致的修养高度，这样的传承便是无价的。当然，若能青出于蓝而胜于蓝，家族中人才辈出，那便是财富的增值了。

　　周先生的家族，周敦颐的后裔，以言传身教的方式，将这份财富传递给家族里的每个子弟。那些断续的故事里，有关于周敦颐的哲学思想，有关于他如何以诚为人生之本，有关于他如何用智慧和勤劳积累精神财富。家中的家谱上记载着家族的历史和先辈们的事迹。我们可以从中得知每一个名字背后的故事，每一个故事里蕴含的智慧和勇气。周家家谱告诉我们，要记住家族的荣耀，也要记住家族的责任。

　　如今，周先生和我也成了家族中的长辈，周先生也开始像他的祖辈那样，向下一代讲述家族的故事。他告诉孩子们，家族的财富是一代代传承下来的，是我们共同的骄傲和责任。我告诉他们，要珍惜这份财富，要将它继续传承下去。

　　家族的财富，就像一条河流，从周敦颐那里流到爷爷那里，又从爷爷那里流到我们这里，再从我们这里流向下一代。它不仅仅是金钱，更是家族的精神和文化。它让我们记住了家族的历史，也让我们明白了家族的责任。这份财富，将永远流淌在我们的心中，成为我们共同的骄傲和力量。

　　家风，它就像一盏静静燃烧的明灯，照亮孩子们前行的路途，给予他们方向和指引。它不需要华丽的辞藻，也不需要大肆宣扬，它就在那里，以它独有的光芒，温暖而坚定地指引着孩子们前进。

　　家教，如同那春天里和煦的微风，轻柔地吹拂，潜移默化地影响着孩子们的心灵。它不是刻板的教条，也不是严厉的训斥，而是通过日常生活中的点点滴滴，通过父母的身体力行，让孩子们感受到爱、尊重、责任和坚守。

　　做事需遵循规则，管理需依靠流程，但这些规则与流程的制定者和执行者，都是有血有肉的人。如果是君子，那么规则不过是他的底线，他会不断超越，不断提升。反之，如果是小人，规则就成了天花板，他只求达到最低标准，一旦放松警惕就会滑坡。而君子与小人的修养之别，则在于家庭教育的不同，在于祖辈和父母言传身教的不同。

我们如同幼苗，在父母的呵护中慢慢成长。他们用老祖宗的智慧告诉我们，忠厚传家久，诗书继世长。这是我们家族的座右铭，也是父母对我们的期望。

当外面的世界如风雨交加的夜晚一般严酷时，父母并没有为我们建造一个温室，而是鼓励我们去雨中奔跑，去接受风雨的洗礼。他们知道，总有一天，我们会离开他们的视线，离开他们的怀抱。到那时，他们希望我们能够从容面对风雨，而不是无助地在风雨中哭泣。

父母对子女的影响是深远的，是潜移默化的。他们用行动告诉我们，独立健全的人格才是我们一生受用不尽的财富。他们希望我们成为精神上的贵族，拥有一颗坚强的心，无惧生活的挑战。

老话常说，富不过三代，此话也不尽然。精神上的富有，不止能富过三代，还能长长久久地传承下去。精神的富有是父母对我们的期望，也是他们对我们的爱。

他们希望我们能够拥有一颗勇敢的心，去面对生活的风雨，去创造属于自己的人生。

就像我们周氏家族的爱莲堂，堂号所蕴含的"出淤泥而不染，濯清涟而不妖，中通外直，不蔓不枝，香远益清，亭亭净植，可远观而不可亵玩"的精神品质，始终提醒着后辈们，要以这样的修养行走世间，无论身处何种环境，从事何种职业，拥有何种身份，都要做一个坦荡、正直、内心纯洁的人，"仰不愧于天，俯不怍于人"。

正是这样的家风，让我对自己提出了更高的要求，不仅仅在行动上、言语上，更在内心的修养上，不再满足于及格的标准，而是向着更高的境界迈进。

比如，在经营企业的时候，我会思考：我的孩子们长大后将在怎样的环境中工作？怎样的生活方式能让他们感到幸福？于是，我便会特别朝着这个方向努力，比如提供福利保障，营造人文关怀的工作环境，打造充满温情、允许犯错、遵守法律、具有社会责任感的企业氛围……我尽力将这些期望融入企业的经营之中。

我也会带孩子们来我的工作场所，让他们看到妈妈全心投入工作的样子，看妈妈如何应对工作中的挑战，看在这里工作的员工的状态。虽然他们现在还小，但随着时间的推移，这些经历会逐渐在他们心中留下印记，这对他们长大后对事物的理解和判断会大有益处。这正是无形的财富传承，随着时间的积累，这种财富将悄然融入祖辈留下的家风之中。

孟子言："君子之泽，五世而斩。"古人亦有云："道德传家，十代以上，耕读传家次之，诗书传家又次之，富贵传家，不过三代。"这便是俗话中"富不过三代"之说的来由。而巴尔扎克曾说，培养一个贵族需要三代人的努力。这两种说法看似矛盾，实则道出了一个深刻的道理：家族的传承，不应只在金钱上积累，更重要的是家风的延续。这种能够代代相传的家风，绝非暴发户式的炫耀，而是精神的传承。

通常情况下，无论你的家族多么富有或显赫，要想将财富传承至第三代，都是有困难的。一代创业艰辛，二代守业不易，到了三代便可能耗业，四代或许败业。创业之路充满挑战，守业更是考验重重。自二代起，便可能失去一代创业者那种吃苦耐劳、坚韧不拔的精神。

一代创业者为后代创造了优越的生活，后代们却在优越的生活中迷失方向……归根结底，这都是家风传承的问题。

一代创业者或许还能开创或继承家风中的宝贵品质，比如我们常说的节俭、坚韧、不轻言放弃、言而有信等。第二代则享受着父辈的成果，安逸的生活可能会削弱他们的斗志，更有甚者，因家中的财富而变得骄傲自满，挥霍无度。当然，也有继承了祖辈精神的，能承担起守业的责任，加之有上一代的监督和教育，不至于败坏家业。到了第三代，他们在富裕的环境中长大，有些被溺爱，从小缺乏管教，变得浮夸奢侈。这导致他们不懂得珍惜，好逸恶劳，甚至道德败坏，触犯法律……他们与道德渐行渐远，早已忘记了家风家训。因此，每一代人都有责任传承家风，在教育孩子的过程中，要注重"德"的培养，而不能仅重视"能"。《大学》中说："是故君子先慎乎德。有德此有人，有人此有土，有土此有财，有财此有用。德者本也，财者末也，外本内末，争民施夺。是故财聚则民散，财散则民聚。"对于我们这一代创业者来说，这句话可以说是我们的座右铭。百年家业，并非易事，而"富不过三代"也并非放之四海而皆准。国内外有许多家族，历经百年千年依然兴旺，后代更是人才辈出。

我们熟悉的范氏家族，就是一个典型的例子。宋朝的范仲淹，他的名句"先天下之忧而忧，后天下之乐而乐"，体现了他的士大夫精神。即使在贫困时，他心中也始终想着救济众人。后来成为宰相，他将俸禄全部用来购置义田，赡养贫寒的族人。他曾买下苏州的南园作为住宅，但听说此地风水好，后代会出公卿，他便想，不如将房子捐出，作为学堂，让更多人受益。于是，他毫不犹豫地将房子捐出。他始终关心百姓的利益，不愿自己一家独享好处。结果，他的四个儿子都发达显贵，成为道德的楷模。他的儿子们曾请求他在京城买一所花园宅邸，以便退休后享受，他却说："京城里的园林很多，园主人自己又不能时常游园，那么谁还会不准我游呢！何必非要自己有花园才能享乐呢？"

家风纯正，便能孕育出一代又一代的君子，如清泉般流淌不息。北宋文学巨匠苏东坡的家风，源自苏杲、苏序"扶危济困"的思想，继承了苏洵"诗书传家""志存高远"之精神，发扬了学习敬业、仁爱孝顺、执政为民的美德。

有一部跨越时间长河，世代为人所传承和阅读的书籍，它对中国人影响深远，那便是《了凡四训》。这是袁了凡先生留给后人的家训，其中包含立命、改过、积善、谦德四项原则。若能恪守这四项原则，便能体会到"积善之家必有余庆，积不善之家必有余殃"的深刻道理。我们应深刻理解并信仰这一理念，这样才能更加重视日常家风的塑造和个人修养的提升。

人生如同一条单行道，没有返程的路线。若想在这旅途中看到更美的风景，这一路便需始终做到修身养性，坚持学而不厌。无论何人，只要不断提升个人修养，即便眼下遭遇贫困，也只是暂时的。真正的富裕终将到来，那是一种精神上的富足，心灵上的丰盈。一旦达到这种境地，家族的繁荣便不仅限于三代，而是能够绵延十代、百代，甚至更久远。因此，精神的富养至关重要。

在耳濡目染中，我渐渐对家族历史充满敬畏，对家族财富十分珍视。我懂得了家族的财富不仅是金银珠宝,更是那些无形的精神财富,已经融入我们的血脉中。

我学会了将这份精神财富如同播撒种子一样种在我们的生活中,并呵护其生根发芽,开出绚烂的花朵。我明白了,一个家族能够历经百年风雨依旧繁荣昌盛,这背后,不仅仅是物质财富的积累,更是家族精神、信念、家风的延续。

这些无形的财富,如同世代相传的火种,照亮了家族前行的道路,温暖了家族成员的心灵。它们是家族的根,是家族的魂,是我们在风雨中屹立不倒的力量之源。

第四篇 富养之承:育儿与教育

第五篇 富养之己：自我修养与价值实现

自我发现

在忙碌中寻找自我，富养内心世界

在这条漫长而又充满未知的人生旅途中，我渐渐领悟到，人生的意义并不在于获得多大的成就，而在于自我完善与价值实现。而这一切，都建立在自我修养这一坚实的基石之上。如同深埋于土壤中的种子，默默孕育着生命的力量。

自我修养，就像一条永不停息的河流，它要求我们不断汲取新知识，开阔眼界，提升自我能力。它也要求我们不断自我反思，提升道德修养，成为一个有责任感的人。它更要求我们勇敢地将所学知识运用到实际工作和生活中，去解决那些棘手的问题。

我时常在夜深人静时，对镜独坐，与自己对话，审视自己内心的每一个角落，是否有恐惧在悄悄滋长，是否有对美好事物的渴望在跳动，是否有对未来的忧虑在蔓延。

如果内心被这些情绪占据，那么外在的世界似乎也充满了烦恼。而真正的修身，不仅仅是身体的修炼，更是内心的修炼。修心，是为了让自己不被这些烦恼所困扰，让心灵保持一份宁静与自由。

许多人的生活，似乎总是围绕着担忧与恐惧。那些忙碌于职场的人，担心失去工作，担心没有晋升的机会；那些操持家务的主妇们忧虑孩子的学业和健康；那些步入晚年的老人对死亡充满了恐惧；那些稚嫩的孩子们担心考试成绩；那些充满朝气的年轻人担心未来的生计……

有时候，我漫步在熙熙攘攘的街头，观察着来来往往的行人，看到他们眉头紧锁，步履匆匆，似乎无法让自己放松下来。心若紧张，身体也会随之紧张，而那些紧张的情绪，或许会在不经意间给生活带来种种问题。

在儒家奉为经典的《大学》中，有这样一句深刻的话语："所谓修身在正其心者，身有所忿懥，则不得其正；有所恐惧，则不得其正；有所好乐，则不得其正；

有所忧患，则不得其正。"这不仅是对修身的期许，更是对内心世界的深刻洞察。古人对于修身的要求既高且远，他们追求的是一种内外兼修的境界。

当今不少家长往往以为，只要将孩子送入大学，他们就能成为优秀兼品德高尚的人，但其实不然。如今的大学主要教授孩子专业知识与技能，德的培养，不一定是高等学府培养出来的。《大学》一书就指出，所谓的"大学"并非如今人所言的高等学府，而是"大人之学"，"大人"便是指德才兼备，能做到"为往圣继绝学，为万世开太平"的君子、圣贤。成为君子、圣贤要有一定的修行次第，从格物致知、诚意正心，再到修身齐家，最后才能治国平天下，这是一条由内而外的修身之路。修身的前提是诚意正心，而诚意正心的基础，则是格物致知。古代君子之所以饱读圣贤书，正是为了达到格物致知的境界，从而修身齐家，进而治国平天下。

修身，是一切的根基。古人的智慧告诉我们，如果一个人不修身养性，那么他的家庭就可能不和谐；如果一个人连家庭和谐都做不到，就更无法治理整个国家了。这个次序是不可打乱的，否则就会失去安身立命的根本。安身，意味着在适当的范围内做合适的事情。在古人看来，修身齐家治国平天下是紧密相连的，缺一不可，一个人只修身养性，最后即便做到了修身，如果家没有齐，那么在外创业、赚钱、闯荡，也是一种不负责任的表现。

作为一个在创业路上奔波的独立社会女性，我深知修身的重要性。每天，我都要在工作和家庭之间寻找平衡。我那三个可爱的孩子，他们的眼睛每天都充满了好奇和期待。每当我看到他们，就感到一种责任和动力，驱使我不断前行。

一个春日的午后，阳光透过窗帘的缝隙，洒在了书桌上，形成斑驳的光影。我坐在电脑前，手指在键盘上跳跃，心中充满了对即将发布的新课程内容的期待和紧张。这个项目对我来说意义非凡，它不仅关乎我的教育理念的传播，也关系到我作为教育者的成长与突破。

然而，就在我全神贯注筹备课程时，我接到了一通电话，是孩子学校的音乐老师打来的。电话那头，老师告诉我，孩子被选中参加学校的音乐会表演独奏，希望我到场观看。那一刻，我感到了一种前所未有的喜悦和自豪，但随之而来的，也有一种责任感。

我需要去学校参加音乐会，见证孩子人生中闪光的瞬间，但同时，我还需要完成这个新课程内容的筹备工作。我的内心挣扎着，但很快我就做出了决定。我调整了自己的工作计划，将课程内容的最后审核安排到了晚上，而下午，则是属于孩子的时间。

我赶到学校，看到孩子坐在聚光灯下，手指在琴键上飞快地舞动，脸上洋溢着自信和快乐的笑容。我为他鼓掌，为他骄傲。那一刻，我感到了一种极大的满足和幸福。音乐会结束后，我带着孩子回家，然后继续我的工作，直到深夜。

虽然这段时间无比辛苦，但我没有后悔。因为我知道，修身不仅仅是为了自己，更是为了孩子，为了家庭。修身，是一种无声的承诺，是对孩子无声的爱，也是对家庭的责任。

在这个过程中，我也学会了更好地管理自己的时间和情绪；学会了如何在忙碌的工作中，找到与孩子相处的宝贵时光；学会了如何在压力之下，保持内心的平静和坚定。

修身，让我变得更加坚强和自信。它让我明白，作为一个母亲，一个创业者，我不仅要为自己负责，更要为家庭负责。我不能因为工作而忽视家庭，也不能因为家庭而放弃事业。我需要在这两者之间，找到一个平衡点。

修身，也让我更加珍惜与家人相处的时光。每当夜幕降临，我回到家中，看到孩子熟睡的脸庞，听到周先生温柔的话语中的关心，我就会感到幸福。我知道，这就是我修身的意义所在。

责任的范围是逐渐扩大的，从修身到齐家，再到治国平天下。责任，就像一条缓缓流淌的小溪，它从内心深处的修养开始，慢慢汇聚成家庭的和谐，最终汇入治国平天下的大海。在这个过程中，家是我们最坚实的后盾，家人的支持是我们最宝贵的财富。

记得有一次，我在家中准备晚餐，孩子们围坐在餐桌旁，叽叽喳喳地讨论着学校的趣事。突然，他们的话题一转，开始讨论起我即将发布的新书。大儿子说："妈妈，你的书里写的那些故事，我们都觉得特别有趣。"小女儿也附和道："是啊，妈妈，你教会了我们很多道理。"那一刻，我感到了一种前所未有的幸福和满足。我知道，我的修身之路，已经得到了家人的认可和支持。

还有一次，我要准备一个重要的演讲，丈夫看出了我的紧张，他轻轻拍了拍我的肩膀，鼓励我说："我相信你，你一定可以的。"孩子们也围了过来，争先恐后地给我加油鼓劲。那一刻，我感到了一种强大的力量，它来自家人的支持和认可。我知道，有了他们的支持，我一定能够克服困难。

晚餐时，家人围坐在餐桌旁，他们品尝着我做的菜肴，脸上洋溢着幸福的笑容。我的丈夫说："你做的菜总是这么美味。"我的孩子也说："妈妈，你是最好的厨师。"这些简单的话语，却是对我最大的鼓励和肯定。

这些生活中的小事，让我深刻地理解了修身与齐家的关系。修身，不仅仅是为了自己，更是为了家人，为了家庭的和谐。只有当我们修身到位，并尽到了照顾家庭的责任，家人才会给予我们最大的支持和认可。

我深知，修身是一切的根基，正如《大学》中所言："从天子以至于庶人，壹是皆以修身为本。"无论是在平天下的广阔天地中，还是在日常生活的点点滴滴中，修身始终是一切的起点和归宿。

我感到非常幸运，因为我和先生都成长在有着几百年家风传承的家庭中。从小，我们就在祖辈的熏陶下学习如何修身。父辈和学堂，都向我们传授做人的道理。这些古老的智慧，如同家族的血脉，代代相传，指引着我前行。

记得我和先生在开始准备创业的那段日子里，面临种种挑战。我时刻铭记祖辈的教诲，一言一行都小心谨慎，力求做到"吾日三省吾身"。每当夜深人静，我都会独自反省，思考如何成为更好的自己，这种习惯让我在创业路上保持了清醒和坚定。

每当我与人分享创业过程时，都会很感慨地说："正是因为有了家风的熏陶，我和周先生才能在创业的道路上走得更远。来自家人们的支持和鼓励，给了我们莫大的力量。"当我们决定创业时，家人不仅在经济上给予帮助，更在精神上给予我们支持。在我遇到挫折感到迷茫时，依然是家人的鼓励让我重新找到了方向。

如果没有家人的支持，我可能无法在外奔波，追求梦想。家人的支持，给了我力量，让我能够勇敢地面对外界的挑战，不断拓展我们爱莲堂书画院的规模。

修身，对我来说，是找到自己在这个世界的定位，安身立命。我深知，安身不仅仅是为了自己，更是为了履行我的责任。

我理解，安身，就是做我该做的事情。比如，作为一个母亲和妻子，我尽心尽力做好母亲和妻子的事。在做好这些事之余，我还会尽更多的责任。但如果我没有尽到作为母亲和妻子的责任，而去忙别的事情，那就是我没有安身，没有尽到自己的本分。

如果我在公司工作，我就会做好本职工作。如果没有完成本职工作，却去忙别的事情，那就是我失职了。我是一位母亲，我就应该照顾和教导我的孩子，如果没有做到这一点，同样是我的失职。

我是一家企业的领导者，我就应该具备战略发展的远见，而不是整天忙于管理员工的迟到早退。如果我是一位科学家，我就应该致力于科学研究，而不应该陷入鸡毛蒜皮的琐碎日常。否则就是没有安身，没有尽到自己的本分。

我深知，这就是仰不愧于天责，俯不愧于天赋。我注意到，现在很多大学毕业生跑去送快递，这是有问题的，是当前教育环境、就业环境、个人心理等因素综合起来所呈现出的结果。我关注这一点，是因为我每天面对很多孩子，我自己也有三个孩子，我关心他们的未来，关心他们生活的环境。

在我的笔下，安身立命是一种生活的艺术，是一种对自我角色的深刻理解。我用我的文字，让自己明白了安身的意义，也让自己明白，只有安身，才能立命，才能不愧于天责，不愧于天赋。

现在，我用我的笔，记录下一个独立社会女性在修身、家风传承、创业过程中的心路历程，期望对正在生活中探索"修己"前行的你们，有所助益。

第五篇 富养之己：自我修养与价值实现

智慧生活

随缘尽份，以大智养心

我很早就意识到了安身立命的重要性。也许是因为我自小与大地为伴，与庄稼为伍，我们的日子总是围绕着一年四季的耕种和收获。春天该播下什么种子，夏天又该灌溉哪些农作物，秋天是收获的季节，冬天则是休养生息的时刻。这种顺应"时序"的生活节奏，让我学会了"做好眼前事"的道理。

因为我知道，如果眼前的事情做不好，就意味着没有收获。就像只有在春天播下种子，到秋天才能有收获，这是自然规律，不可违背，不劳而获是痴心妄想。

我常常思考，为什么有人无法安身立命？其实，往往是因为他们不甘于做眼前事，或者心中有太多未满足的期待，有太多未实现的愿望。千里之行始于足下，如果连眼前的事都做不好，又怎能谈论未来？

随着时间的推移，如果该做的事没有做到，该尽的责任没有尽到，心中的漏洞会越来越大，不安也会随之加剧。

生活是一段漫长的旅程，而安身立命，就是让我们在这段旅程中能够脚踏实地，一步一个脚印地前行。

当我还是一名小学老师的时候，我的思绪总是围绕着教学。我渴望提高自己的教学水平，于是向那些优秀的老师学习讲课的方法、解题的思路。我向那些能带出好学生的老师学习如何与学生沟通，向学心理学的老师请教如何了解学生的心理、疏导学生的情绪……当我全神贯注于眼前的事情时，我发现自己像海绵一样吸收着各种知识，变得更加专注、热情、投入。因此，我的工作成效自然也不会差。

可能有人会认为这种做法很"保守"，甚至有人会说这是"小农意识"，那是他们没有看到这种做法的好处。有句话叫："高高山顶立，深深海底行。"我们的梦想可以非常远大，智慧和精神境界可以非常深邃，眼光可以洞察一切，但一切都要从最基础的地方开始。我们可以想象站在十层楼上看到的风景，但如果要亲自登上十层楼，我们还是得从第一层开始。

我一直是这样做的，做得越多，基础越扎实。当积累到一定程度时，其他的机会和选择就会随之而来，让我步入更广阔的世界。所以，大家不必担心，你此刻的全心投入，是有价值的。就像我后来遇到了我的另一半，离开了小镇，来到了上海，结婚生子，选择了创业，这些都是我当初在农场生活、当老师、卖西瓜时无法想象的。如果让我总结和分享，我想这就是一步步"海底行"的结果。

我常对年轻一代说，即便梦想如星辰般璀璨，也要从做好眼前的事开始。在做事时，要毫无保留，尽己所能。无论你处在哪个位置上，都要尽自己所能，做好这个位置要求的所有事情。如果你是学生，就要做好学生的本分；如果你是老师，就要做好老师的本分；如果你是公司创始人，就要做好创始人的本分。这就是古人所说的"安其身，尽其份"。这里的"份"，其实就是担当，就是责任，就是随缘而做的一切，就是"安身立命"。

生活是一段漫长的旅程，每一步都至关重要。我常想，那些能够安身立命的人就是"君子"，就是"大人"，就是真正的成人。无论多大岁数，如果没有安身立命，就仍是"小人"。生活是一场修行，是一场对自我角色的深刻理解和承担。只有安身，才能立命，才能成为真正的"君子"，真正的"大人"。

我常想，大智慧，是能够养心的。就像我一直很敬仰的王阳明先生，有一个关于他的小故事，我在这里也想分享给大家。

王阳明在少年时，曾问他的老师："什么是人生第一等事？"老师告诉他，第一等事就是读书做官。但少年王阳明不以为然，他认为，读书做圣贤才是人生第一等事。他的老师笑了，说这要求太高了，我们都做不到。年少的王阳明，真是后生可畏。

为什么做圣贤是人生第一等事？因为做圣贤就是安身立命。做其他事，并不是我们人生的第一等事，而是为了实现第一等事所做的积累。第一等事通过做其他事体现，所以安身立命是人之根本。否则，做任何事都将一事无成，人也会如浮萍一样，居无所安，惶惶不可终日。

我们现在已经从物质普遍匮乏的时代,进入了精神普遍不安宁的时代。精神不安宁,就会引发各种问题,而这一切都是因为没有安身立命。这是我们修身的第一要义,也是修身的目的所在。

我们常说:人总是生气,看不惯别人,喋喋不休说话,拼命争执和解释,是因为智慧不够。所以,要富养自己,首先要拥有无穷的智慧。带着智慧去观察社会上的一切,应对一切难题,人会始终是心平气和的。

美德传承

传统与现代，富养我的精神生活

现代女性的修身之道，是否有具体的操作方法？在探讨这个问题之前，我想先分享几位古代女性的故事。虽然与现代的方法不同，但内涵相同，彰显出的美德也是一致的。

我们之前提到，安身立命是做好自己分内的事，安身立命进一步看，是为了修己、修心。修心的结果，会以"美德"的方式呈现出来，也就是我们行为背后的价值观、人生观和世界观。无论是古代还是现代，无论是东方还是西方，都是如此。

亚里士多德认为，美德是人类追求幸福和实现优秀人生的关键要素。美德，是人修身的必然追求。

我想从我们吴氏的祖先开始，追根溯源。江苏连云港一带的吴氏，是周文王祖父的后人。周文王的祖母太姜、周文王的母亲太妊、周文王的妻子太姒，是周朝三位非常杰出的女性。她们以自己的德行和智慧辅佐了多位君王，奠定了周朝的基业。因为她们的名字中都有一个"太"字，所以并称为"三太"。

成为母亲后，我对有关孩子的话题更加敏感。看到那些被父母打压、抛弃，或因父母感情不和而受伤的孩子，我的心里就会涌起深深的同情。孩子，占据了我内心最柔软的地方。我理解，每个家庭都有其独特之处，但无论父母之间发生了什么，都应该给予孩子足够的爱。如果一方不在，另一方要加倍弥补。因为唯有爱，才能滋养人的心灵。唯有爱，才能让人不断向上、向善生长。

太姜、太妊、太姒是古代杰出的女性代表，周朝文化正是在这三位伟大女性的光环笼罩下孕育而生的。太姜以教子为己任，培育贤明君主；太妊创设母亲胎教的先河；太姒则用充满母爱的家教熏陶出一批政治人才。正是有了她们，周朝的文化才能发扬光大，也使我们看到了周朝历史的璀璨辉煌。

关于这三位女性的故事，相比她们的丈夫要少很多，我也只能从史料里截取到有关她们的只言片语。我们对这只言片语进行归纳，最终得到的精髓无外乎古代的传统美德，就是"孝悌忠信礼义廉耻"这八德。这也是我的父母及祖辈、我先生的周氏家族，一直所传承和守护的核心。

周敦颐先生的"出淤泥而不染，濯清涟而不妖"，就是取了莲花的廉洁之意。周氏家族的爱莲堂，也一直奉行"廉洁"的美德，廉的本意就是节制、不贪图享乐、不放纵贪欲、不侵占他人之物。如果一个人拥有廉洁的美德，即使他有机会可以偷、可以占便宜、可以受贿，甚至可以出卖自己的灵魂得到想要的东西，他都会断然拒绝，并对此嗤之以鼻。有的人有点钱就飘了，只顾贪图享乐，这不是我们该奉行的做法。廉洁之人是不会这样做的，他们有自己的内在追求和修养目标，这就是祖辈给我们留下来的家风。我们看一个家族的家风，就是要看这家的人有没有"孝悌忠信礼义廉耻"的美德。比如我们吴氏家族，最突出的就是孝悌，我们从周朝的三位伟大女性开始，就特别注重上孝下悌，对父母、长辈要孝顺，不仅孝其身，还要顺其意，更要感化其心。对子女、兄弟姐妹都要"悌"，这个"悌"其实也包含传递之意，也就是要把家风传承下去。周氏家族主要奉廉，后辈都很注重廉洁，该做事做事，但内心有自己谨守的"廉"的家风。

从古至今，真正的大家士族不光在乎家族的物质财富、名望和地位，更注重"美德"，家风便是将家族的"美德"代代传承下来。

这些传统美德对于现代女性来说，有没有参考价值？有的人听到传统美德，就会想到愚昧落后的思想，会认为过去的传统美德，其实是对女性的束缚，女性被压迫、被奴役，在家庭和社会中没有地位，是依附于男性而存在的。有的人还会想到，古代的婚姻是父母包办，男人可以三妻四妾，女人就是生育机器，重男轻女的思想根深蒂固，然而，将传统美德与这些落后愚昧的思想画上等号是有失偏颇的。

如今的女性，身份和角色已经发生了巨大变化，尤其是步入职场的女性，不再只有"相夫教子"的单一的任务。当代女性对社会的影响不仅在教育子女方面，还有她们本身作为独立的个体，为这个社会、为所处的时代所做的贡献，她们在社会上扮演的角色越来越多，所承担的责任也越来越大。

现代女性，活得相对自我，敢于表达自己的观点，也愿意为梦想付出行动，她们从原来的"辅助"角色，转变成了站在舞台中央和聚光灯下的主角，也成了自己生命的主角。

女性力量的崛起，不仅对传统文化、社会评价标准来说是一个挑战，对男性和女性的意识变革也是一个挑战，因为过去的旧思想仍有"余威"，与现代女性的追求其实有很多矛盾。这种矛盾导致女性内心的挣扎也很强烈，比如父母要求女性必须结婚，或者认为三十岁还不结婚会变成"剩女"，结婚后得生孩子，要不然养老问题怎么办，等等，这些思想依然影响女性对幸福的感知力。

我有一个快四十岁的女性朋友，自己创业做英语培训，也相当成功，闲时去世界各地旅行，工作和生活都很充实。但是，她依然感觉不幸福，她多年来一直纠结要不要结婚，因为她认为她这么大年纪的女人，不结婚意味着失败。像她这样苦恼于是否结婚的女性不在少数。

有很多女性虽然经济独立，但精神世界并不独立，思想意识还停留在古代，有的还会有"女为悦己者容"这样的认识。女性会下意识遵守男性话语权主导下的美的定义。为了取悦男性，有些女性做各种医美项目，花费了大量的时间和金钱，甚至牺牲健康。我们常说，爱美之心人皆有之，如果大家能把对美的追求放在精神的富足和内在的修养上，也许就不会有容貌焦虑了。

在新时代的社会环境下，美德又该如何传承和延续呢？美德是关于精神层面的，仁义礼智信、孝悌忠信礼义廉耻这些美好的品质是不会变的，也是人性本来具有的。

孟子说："恻隐之心，人皆有之；羞恶之心，人皆有之；恭敬之心，人皆有之；是非之心，人皆有之。恻隐之心，仁也；羞恶之心，义也；恭敬之心，礼也；是非之心，智也。仁义礼智，非由外铄我也，我固有之也，弗思耳矣。"这就是孟子所主张的"人性本善"。不管到什么时代，人性本有的"善"是不变的。正因为如此，才有家风、家训、家教的传承！

所以，对女性而言，不仅要重塑自我价值，还要肩负传承传统美德的重任，承上启下，内外兼顾。对上要孝顺父母、公婆，对下要教育指导子女，对家庭要负责，对工作要尽责，甚至还有更多的社会责任需要女性贡献力量，所以现在社会对女性的要求不再是"贤妻良母"，也不仅仅是时髦的"独立女性"，而是一个有智慧、有修养、有美德的"女性"。

希望我们能在物质极大丰富的时代、在科技飞速进步的时代，把脚步放慢一些，让灵魂跟上我们的身体，让美德之光去照亮我们的内心，唯有此，才能让光明驱散内心的黑暗。

君子风范

在国画与茶道中寻找心灵的宁静

在这个世界上，女性感情细腻，如同那细腻的丝线，织就了生活的五彩斑斓。她们善于自我反思，如同那清晨的露珠，总能在不经意间折射出内心深处的光芒。然而，这种细腻的情感，有时却成了她们的枷锁，让她们在无形中消耗着自己的能量。

她们本是充满创造力与美好的存在，却因为那些无谓的内耗失去了前行的力量，如同那些被风吹散的花瓣，失去了方向，也失去了光彩。她们的才华，她们的潜力，就这样在无形中被消磨，让她们的心灵疲惫不堪。

然而，对于我来说，冲淡内耗的最好方式，便是学习。学习，就像是那源源不断的泉水，滋养着心灵的土壤，让精神之花绽放。成年人，其实最需要的就是这种精神的富养。

我们这一代，或许并不是在自由中成长起来的。我们很多时候是在父母的期望和社会的期待下，为了分数、为了升学而学习。我们学习，不是为了兴趣，不是为了创造，更不是为了自我价值的实现。这一切，虽然艰难，但我们的父母已经用自己的方式给予了我们最好的教育。

因此，当我们长大，我们需要重新富养自己。我愿意去学习那些新鲜的事物，去了解那些未知的领域。这不仅仅是为了保持活力，更是为了让自己的思维和认知能够与时俱进。学习，让我永远保持好奇心，学无止境，终身学习是我的追求。

在学习中，我重新找到了自己的兴趣、自己的热爱，就像是那迷失在森林中的旅人，终于找到了回家的路，心中充满了温暖与希望。

国画之美

在爱莲堂成立之后，我受先生家族的影响，开始了更多的传统书画的学习之路。教人必先自会，我也开始了日常的练习。当笔尖轻触宣纸,那一刻,我感受到了内心深处的强烈振动,那份喜悦,那份热爱,难以用言语来描述。那感觉,就像是昏暗的房间里,突然照进一束光,它指引着我,让我有了前行的方向。

稻盛和夫曾说,当我们全神贯注于某事,相关的一切就会向我们发出正确的引导。在找到真正的兴趣之前,每一次尝试都是宝贵的。而一旦找到了那份热爱,便要专注而持久,深入一门,从而通达一切。

画画时,我们需要打开心灵的窗户,去观察这个世界,去欣赏古人留下的墨宝和真迹,去感受那些智慧的传承。这是一种心与心的交流,是一种审美的趣味和精神的传递,每一幅字画都是精神的传达,都是气韵的展现。

在临摹和欣赏书画的过程中,我们跨越了时间和空间的界限,最终汇聚成当下的灵感、认知和行动。这不仅仅是一种技艺的学习,更是一种精神的富养,一种心灵的滋养。

书画,按照现代教育划分,属于"美育"的范畴,它是关于"美"的教育,是关于"艺术"的教育。这个

"美"所涵盖的范围极为广泛，简而言之，它就是精神之美，内心之美。

艺术的根基，其实植根于生活的每一个瞬间，美育的意义，也不仅仅在于你能否画出一张画，更在于你能否用画一张画的态度来对待生活。用画笔去描绘，用心灵去感受，用情感去表达，这就是艺术，这就是美育。

每个人都需要美的教育和滋养，因为美育能够让人的情感得到抒发。它能够让情感过于外放的人得到节制，让情感过于克制的人得到宣泄，最终达到一种和谐的境界。这正如《中庸》所言："喜怒哀乐之未发，谓之中；发而皆中节，谓之和。"练习传统书画是一种修行，能够让人心生清和之气；这就是一种美育，让人们内心之美得以展现。

它涵盖了人的情感、气息和精神的流动。在书画的世界里，我们能够感受到那份宁静与和谐，那份从容与淡定。我们能够感受到那份来自内心深处的平和与喜悦，那份来自灵魂深处的宁静与安详。

美育，对于我们每个人来说，都是一扇通往内心深处的门。人生并非总是一帆风顺，充满了酸甜苦辣，充满了各种磨难与挑战。但正是这些经历，让我们得以成长，让我们的人生变得更加丰富，更加有意义。

在我们生命中那些令人愉悦的时刻，美育会让我们用美的眼光去润色，让这些时刻变得更加余韵悠长。它不会让我们得意忘形，而是让我们在喜悦中保持一份清醒与平和。

当我们在生活中遭遇不幸、悲伤甚至痛苦时，美育同样让我们从美的视角去观照苦难。它让我们明白，我们并不孤独，整个世界都在经历着相似的起伏。这样的认知，让我们的心中充满爱，即使眼中含着泪水，心中依然能够感受到温暖。

美育还会教我们，用一种充满诗意和浪漫的方式去抒发情感，去咏物抒怀。在美的形式中，我们会发现身心得以舒展，情感得以释放，同时又不失其美。无论是在顺境还是在逆境中，如果我们能够拥有对美的认识，接受美育的熏陶，我们便能在快乐时保持节制，在痛苦时不失希望，达到一种平稳而中和的状态。

这正是我们传统书画艺术所追求的境界，它不仅仅是一种技艺的展现，更是一种精神的传递，一种心灵的滋养。借由书画的视角，我们学会了用美的眼光去看待生活，用美的心灵去感受世界，用美的力量去塑造自我。

中国传统书画与西方油画之间的最大差异，在于我们通过艺术来探寻生活的真谛，用笔墨来抚慰我们的心灵。我常说，书法与绘画，不仅滋养精神，更为我们的心灵开辟了一片净土。在这里，我们可以悠然自得与古人神交，吟诗作画，让那些历经沧桑的智慧之光照亮我们的内心，温暖我们的日常生活。

我平日里偏爱画莲，也钟情于牡丹。这两种植物之间的反差极为鲜明，所绘之画也大相径庭。莲，以其线条的简洁质朴，色彩的纯净淡雅，恰如其分地传达它所蕴含的意义。而牡丹则恰恰与之相反，繁复的花瓣，浓郁的色彩，无不彰显着它的华丽与尊贵。

我对莲的清雅高洁情有独钟，同时也为牡丹的雍容华贵所倾倒。这样矛盾的性情，汇聚于一人之身，或许有些不可思议。但正是这种矛盾，让我在书画的世界里，得以体验到生活的丰富与多彩，感受到内心的平和与宁静。

我曾深入思考，为何我同时对这两种花情有独钟？莲，它象征着周氏家族的家风，它提醒我们要保持清廉，洁身自好，戒骄戒躁；即便身处污浊的环境也要坚守内心的操守，追寻自己的梦想。这正是一个人内在中正的品质，是一个人精神上的坚守。牡丹，象征着雍容华贵，更象征着圆满丰盛，这是我对未来美好生活的向往和期许。牡丹还象征着威武不能屈的品质。传闻武后命令百花于严冬盛放，唯有牡丹敢傲然抗旨，武后大怒，将牡丹贬至洛阳。牡丹一到洛阳，便快速盛放，花朵美丽无比。武后得知便下令火烧牡丹，但是在熊熊大火中，牡丹却愈发娇艳动人。我希望自己也如同牡丹一般充满浩然之气，刚正不阿。

　　我们生活在一个多姿多彩的世界中，需要与各种角色打交道，需要做各种各样的事。我们需要在纷繁复杂、令人眼花缭乱的事务中，保持一颗清净的心。这是入世的修行，是待红尘如觉海。所以我们内在应是空的、中正的，但外在应是繁盛的，因为外在的事情是各种各样的，都需要因缘而行。这才是大隐隐于市的风范，我们不做避世的隐士，那是小隐隐于野。我们要探寻的是真正的内圣而外王。

只有心已富足,才能给予别人,所谓"爱满自溢",这也是我喜欢牡丹的又一原因。林语堂在《苏东坡传》中说:"他的肉体虽然会死,他的精神在下一辈子则可成为天上的星、地上的河,可以闪亮照明,可以滋润营养,因而维持众生万物。"这是真正的富贵啊!

莲的气节是我们内在清廉的坚守,牡丹的气度是我们内在富贵的外显。所以,我喜欢它们一点都不冲突,它们代表了我所追求的精神修养的两种境界。

茶道静心

除了书画之外,我亦钟情于品茗。闲暇之时,我常与先生对坐,闲聊家事,孩子们也常依偎在我们身边,玩闹中品茗,别有一番情趣。那浓浓的生活气息,悄然蔓延。

每逢此刻,我总能想起丰子恺给孩子们画的小画。无论是书画还是茶道,它们都与生活息息相关,密不可分。记得有人说过,泡茶如下棋,每一泡都是当下的一泡,每一手都是当下的一手。若只是如此,日子反而失去了乐趣。

这让我不禁想起苏东坡的词句:"休对故人思故国,且将新火试新茶。诗酒趁年华。"是啊,生活不就应该如此吗?在忙碌之余,我们不妨放慢脚步,与家人共度一段悠闲时光,品味生活的点滴美好。

在闲暇之余,我常邀三五知己,围坐于茶香之中,倾心而谈。我们分享着各自的心事,倾诉着近期的困惑与挑战,彼此开解,心情也随之变得愈加明朗。偶尔,我也会独自一人静坐,为自己泡上一杯茶,无须言语,只为让心灵得到片刻宁静。几泡过后,茶的热气弥漫全身,正如卢仝在《七碗茶歌》中所描绘的那般:"四碗发轻汗,平生不平事,尽向毛孔散。五碗肌骨清,六碗通仙灵。七碗吃不得也,唯觉两腋习习清风生。"

茶,是通往精神世界的幽径。古时的文人雅士,常聚在一起,或读书赏画,或品香吃茶,亦会以茶会友,吟茶入诗,以茶入画。苏东坡曾言,他可以一口气饮下七杯茶,饮至欢喜处,连羽化登仙也不觉稀奇。

苏东坡对茶与墨有着独到的见解,他认为:"茶可于口,墨可于目。"一个通过唇齿被人所品,一个则通过明眸为人所阅。茶与墨二者有所不同,"茶欲白,墨欲黑；茶欲重，墨欲轻；茶欲新，墨欲陈"；亦有同者，"奇茶妙墨皆香，是其德同也。皆坚，是其操同也。譬如贤人君子，妍丑黔皙之不同，其德操韫藏，实无以异"。正如怀瑾握瑜者，无论外貌美丽动人还是丑陋畸形，其美好的心灵依旧如当空皎月、石上清泉般闪耀澄澈，令人忍不住亲近。

我如今常在茶与墨的海洋中徜徉，每当想起那些有趣的灵魂，心中便涌起一股欢喜劲儿。我在品茶和书画中，与古人的精神相往来，感受到他们所展现出的内敛深沉、平淡自然的文人气质。

当我放下笔墨，端起一杯清茶，从浓重到清雅，我细细品味，感受那真味真性。在这幽静之中，我体会着生活之美。

茶，本是静谧之物，但泡茶的过程却是生动的。书画，看似静态，但写字画画的过程却充满了活力。它们都是动中有静，静中有动的艺术。对我而言，这两者都值得我深入探究。我在其中体会到了动静相宜、阴阳和合的玄妙，这种处世哲学，也在潜移默化中影响着我的世界观、我的心态、我的言行，以及我的审美和洞察力。

无论是写字读书,还是闻香品茶,这些都不过是外在的显化,那个真正有力量的核心在于,我们发自内心地热爱传统、热爱自己、热爱生活,并且愿意付出努力,让我们内在的生命力得以提升。

在职场上,我以强大的执行力和对好结果的不懈追求,不断追求效益。然而,在艺术的修习中,我学会了动静兼有、随时转换,这需要我拥有极强的应变和适应能力。在书画和泡茶的过程中,起心动念的瞬间往往比最终的结果更为重要。如果说我的工作是对"事"的磨炼,那么我的兴趣则是对"心"的修炼。正是这种"心"的修炼,让我在行动中更加自如、自在。

我们所从事的,是关于艺术和传统书画的培训,这无疑是最适合当代人精神富养的方式。

我钦佩古人,因为他们在艺术的海洋中找到了修心的奥秘,并将这些奥秘以书画、茶道、武术、文学等多种形式传承下来。他们学习艺术、投身工作,并非单纯为了工作本身或艺术本身,而是为了更好地服务于生活。

生活的意义，远不止物质的富足——吃穿住用行，更关乎深层次的精神追求。我们追求的，是像莲一样的圣洁，像牡丹一样的繁盛，像茶一样的气韵绵长，像酒一样的岁月沉淀……我们追求真理，也寻求心灵的安宁。

第五篇 富养之己：自我修养与价值实现

全面富养

身心和谐，活出最佳版本的自己

穷养与富养，这两个看似对立的词汇，自我们呱呱坠地之日起，便如影随形地伴随着我们。许多人以为，穷养与富养之间的鸿沟在于金钱的多寡，然而事实并非如此。在我看来，精神的富养，才是最为关键的。

我们作为成年人，是否还有机会让自己的精神世界变得富足？答案是肯定的，而且，任何时候开始，都不算晚。

人的下半生，最美好的生活方式，莫过于富养自己。这里所说的富养，与物质欲望无关，更不是追求奢华的生活，而是指修养身体、修养心性，以及培养良好的品格，让自己的内心世界变得更加丰盈，让生活变得更加丰富多彩。

富养身体

《菜根谭》有言:"天地有万古,此身不再得。"在这浩瀚的宇宙中,天地或许能永恒存在,然而我们的生命却仅有一次,人生无法重来。因此,保持运动,富养身体,是我们余生中最明智的选择,也是最深切的幸福之源。

如今,我也常常健身,有时还会与家人一同去爬山、跑步、游泳,或是前往健身房练习器械,既减脂又增肌,以此来延缓衰老,保持身体的健康。我也会练习瑜伽、冥想,让身心得以和谐统一。

随着岁月的流逝,富养自己的身体,也变得越来越重要。我的父母和公婆都身体健康,他们头脑清晰,手脚灵活,步伐轻盈,这与他们多年来坚持锻炼、作息规律和健康的饮食习惯密不可分。运动,无疑是对健康最有力的保障,是对身体最有效的富养。

富养气质

苏轼曾言:"粗缯大布裹生涯,腹有诗书气自华。"容颜易逝,但气质却能长存,宛如陈年佳酿,愈久愈香。坚持阅读,富养气质,方能从容面对岁月的流转,无畏风霜的侵袭，活出生命的深度与厚重。

这些年，我虽忙于工作，却从未放弃阅读。曾国藩曾说："人之气质，由于天生，本难改变，唯读书则可变化气质。"读到此言，我心有戚戚焉。

阅读，如同春风化雨，无声地滋润万物，滋养心灵。每当我沉浸在书海之中，便感到心情舒畅。相由心生，心之所向，容貌随之改变。心胸越开阔，容颜越安详，神韵自然流露，言语也变得柔软。"一日不读圣贤书，便觉面目可憎"，此言不虚。

在未来的日子里，我愿继续在传统经典中寻找智慧，与孩子们一同探索未知的世界。在这个 AI 时代，前沿的信息需要我们去了解、去学习。AI 或许能取代许多职业，但人的兴趣爱好、情感、情商却是无法被取代的，这也正是我反复强调精神富养重要性的原因，成年人同样需要富养自己。如果一个人的物质需求得到满足，但精神世界却贫瘠、空虚，那么未来又该何去何从呢？只有当精神得到富养，内心才会丰盈而安定。无论时代如何变迁，都能融入其中不迷失，这便是"出淤泥而不染"的君子风范。

富在灵魂

"人无癖,不可与之交。"若一个人心中没有热爱,对周遭的一切提不起半点兴趣,生活便如同一潭死水。长此以往,性情渐失,热爱不再,灵魂也将随之枯竭。人的内心,绝不能空洞无物,可以是跳舞唱歌,可以是写字画画……唯有培养爱好,富养灵魂,才能充实我们的精神世界,填补岁月的平淡。

我的兴趣颇为广泛,无论是书法、画画、品茶,还是探寻美食、旅行、交友,我都能深入其中,自得其乐。我的三个孩子,他们对这个世界同样充满了好奇,每天充满活力,而我,也恰好有足够的精力和心力去支持他们,陪伴他们成长。

正如汪曾祺所说:"一定要爱着点什么,恰似草木对光阴的钟情。"心中有爱好的人,能在一饭一蔬中发现生活的乐趣,在一朝一夕中感受时光的美好。对自己充满自信,对生活充满珍重,对世界充满热爱,这样的人,灵魂永远不会衰老。

不论年龄大小,尤其是成年人,更应该培养一种兴趣爱好。给时间以生命,让自己在怡然自得中遇见更美好的自己。趁时光未晚，趁年华尚在，请学会修养身心，富养自己，让生活充满色彩，让灵魂永远年轻。

富养以勤

古语有云："人勤，穷不久；人懒，富不长。"此言甚是。记得小时候，爷爷总是天不亮就下地干活，无论春夏秋冬，从不间断。他常对我说："勤劳是根，懒惰是草。根深才能叶茂，草多则树枯。"他用自己的行动，诠释了勤劳的价值。

晚清名臣曾国藩将"勤"视为兴家立业的根本。他在家信中对次子曾纪鸿谆谆教诲："尔年尚幼，切不可贪爱奢华，不可惯习懒惰。无论大家小家、士农工商，勤苦俭约，未有不兴；骄奢倦怠，未有不败。"曾家世代以此为训，为家族的兴旺培养了勤勉的好家风。

我有一位邻居，年轻时家境贫寒，但他从不怨天尤人，而是靠着勤劳的双手，一点一滴地改善生活。他白天在工厂做工，晚上则自学技术，最终创办了自己的公司。如今，他的事业蒸蒸日上，生活也越来越好。

"业精于勤，荒于嬉。"一个"勤"字，实则是一个家族兴旺的诀窍。勤，不仅仅是一种行动，更是一种态度,一种精神。它要求我们脚踏实地,不畏艰难,持之以恒。只有这样,我们才能在人生的道路上不断前行,不断进步。

富养以德

"勿以恶小而为之,勿以善小而不为。"在我家的小院里,母亲总是细心照料着那些花草,她说,每一株植物都有生命,善待它们就是善待自己。日行一善,日积月累,福报会绵绵不断,不请自来。富养自己的人,也会广结善缘,让自己的道路越走越宽阔。

富养自己的人,总会敬德友善。他们往往将品德修养放在至关重要的位置,每日自省之。记得有一次,父亲在回家的路上捡到了一个钱包,里面有一些现金和证件。他没有犹豫,立刻按照证件上的地址,将钱包送还给了失主。他说,这是做人的本分。

在物欲横流的社会,富养自己的人会更加注重品德的修养,因为他们明白,这是金钱所买不来的,是一个人的处世之基,立世之本,能量之源,会对一个人的一生产生重要的影响。他们总能够尽己所能做善事,让需要帮助的人感受到这个世界的温暖和善意。

为人不做亏心事,半夜不怕鬼敲门。一个善良的人,即使是在雷声轰鸣中,也能够睡个好觉。我们全家人经常会念叨要与人为善。

人生在世,一定要用"善"去滋养自己,"善"是人世间最纯美的甘露。记得小时候,有一次我和弟弟在河边玩耍,看到一位老人吃力地挑着水桶,我们毫不犹豫地上前帮忙,老人感激地笑了,那笑容温暖了我们的心。经常去帮助别人,善一定会有回流,心也会越来越开阔。

上天不会放过任何一个坏人,也不会亏待每一个善良的人。世间美好自当环环相扣,坚持行善,你积攒的善意,都是你的福报。行善,是在渡人,更是在渡己,用善去渡掉自己内心的贪嗔痴,渡掉执着和妄想,渡掉烦恼和无明,自然此心光明。

我曾经读过一则小故事,宋太祖赵匡胤派大将军曹斌去打仗,在顺利攻打下四川宜宾县后,曹斌的谋士对他提出烧死全城百姓,以绝后患的建议。曹斌不但没有这样做,还下令所有士兵,不准骚扰百姓,甚至还宽待俘虏,给愿意留下的俘虏分地,给想回家的俘虏发放盘缠。当时宜宾县的百姓无不感念其恩德，还特意在当地为他建了曹公庙来感谢他。后来，曹斌一路高升，位极人臣，年过九旬去世，子孙腾达。

世上一切，皆为因果。为人越大度，越容易得他人的心；处事越厚道，越容易宽自己的路。所有对他人的言行，最终都会回报在自己身上。想要积攒好运，就要心存善念；想要积攒福气，就要广结善缘。一个人积德行善越多，运气会越好，福报会越深，人生也会越顺。

富养以静

诸葛亮《诫子书》中说："夫君子之行，静以修身，俭以养德。非淡泊无以明志，非宁静无以致远。"记得在故乡的老宅里，爷爷总喜欢在午后的阳光下静静地坐在藤椅上，手执一本泛黄的古书，沉浸在文字构筑的世界里。一个人只有静下来，才能找回丢失的自己；只有静下来，才能让自己心灵澄澈。爷爷常说，静是一种力量，能让人在纷扰中保持清醒。

不计较，不攀比，不抱怨，不争，难得糊涂。在安静中修身，在安静中养心，在安静中生慧。静者寿，躁者夭，保持清静心的人才能长寿，这才是最好的富养自己的方式。老子曾言："归根曰静，静曰复命。"当你静下来时，世界会变得明朗，内心会感到平和。

我多年养成的喝茶习惯，也让我体会到了"静"对自己的富养。每当我端坐于茶桌前，看着茶叶在杯中缓缓舒展，随着水汽升腾，我心中的杂念也随之消散。静坐赏茶，是给自己内心留下富余的空间，是一笑罢休闲处坐的洒脱。这静，让我在喧嚣的生活中找到了一片属于自己的净土。

只有把心安定下来后，才能更好地反思和自省。好的人生，需要静下来，时时观照自己。只有像一杯水一样把自己沉淀下来，才能在一片浑浊中守住初心。任周遭车马喧嚣，你自有"南台静坐一炉香，终日凝然万事忘"的淡定。

记得有一次，我与朋友一同去山中静修，我们关掉了手机，远离了尘嚣，只是静静地坐在溪边，听着溪水潺潺，感受着山风轻拂。那一刻，时间仿佛静止了，心中的浮躁和烦恼都随风而去，只留下一片宁静和清明。

富养心态

人生一世，若要活得精彩，便要豁达乐观。富养自己的人，懂得培养一颗平和的心，支撑自己在人生的旅途中跨越障碍，走向宽广的坦途。

记得小时候，家中的老人常在院子里种花，他们常说，花儿需要阳光和雨露，人的心亦是如此。一个心性豁达、乐观向上的人，不为小事而纠结，不为小利而忧心，不为小怨而挂怀，活得坦坦荡荡，潇潇洒洒，如同花儿一样自在。

富养自己的人，善于调节情绪，保持良好的状态，不生闷气，这才是最好的养生方式。母亲无论多忙，总能保持一份平和与乐观，用美味的食物滋养家人，也用她的笑容温暖着身边的每一个人。

不斤斤计较鸡毛蒜皮的小事，不耿耿于怀私心杂念，不过度内耗自己。记得有一次，父亲在工作中遇到了挫折，但他并没有沉溺于烦恼，而是选择去山林中散步，呼吸新鲜的空气，与大自然对话，回来时，他的脸上又挂上了我们熟悉的笑容。

该做事时做事，该休息时休息，懂得劳逸结合，才能心情愉快。就像我自己的写作生活，每当感到疲惫，我就会放下笔，去田野间漫步，或是坐在窗前，看着远方的山川，让心灵得到放松。

富养品格

富养自己，并非以名牌傍身，亦非以高端消费来满足欲望。真正的富养，乃是品格的富养。高尚的品格，在家风的传承中熠熠生辉，能使一代人更比一代人优秀。

记得刚毕业时，我手捧微薄的薪水自食其力，买不起名牌包包和衣物；如今，我有能力购买，却并未沉溺于过度消费。我不再追求那些外在的华丽，我所追求的，是内心的笃定、坦然。如同王阳明先生所言，此心光明，方为真正的富养。

有些人，外表光鲜亮丽，内心却极度贫乏，他们用金钱填补自尊心的空洞。不禁令人感慨：这些人穷得只剩下钱了。他们缺乏教养、礼义、廉耻，趋利忘义，斤斤计较，活成了内心贫瘠的人。

我始终相信，优秀的品格是人一生的财富。富养自己的最佳方式，是培养自己的良好品格，拥有从容不迫的心态和果敢坚韧的心性。我出身于一个普通家庭，没有显赫的背景和丰厚的物质财富；但我热爱生活，勇于冒险，敢于挑战，与人为善。我的时间和精力，都用来富养自己的眼界和见识，这些选择，给了我品格上的丰厚回报。

富养自己，从来不是为了满足自己的欲望，而是为了涵养自己的品格，强大自己的内心。面对生活的风浪，我有着坚韧不拔的勇气和披荆斩棘的魄力，这份勇气和魄力，将助我冲破重重困难，实现自己的抱负和理想，找到属于自己的价值。

一个人的思想境界，在很大程度上决定着他的人生的高度。物质世界贫瘠或许对人有影响，但精神世界的空虚却能影响一个人的一生。让我们丰盈自己的精神，给人生带来无限可能。

富养独立

在岁月的长河中，女性如同那坚韧的胡杨，即使在沙漠中也能生根发芽，绽放出生命的光彩。即便走入婚姻，有了孩子，我们女性也只是多了几个角色和身份而已，我们依然是独立的个体，有自己的人生路要走，有自己的梦想要去实现,有更多好玩的事要去体验。古人云:"巾帼不让须眉。"独立的女性,她们的魅力不仅在于她们的独立,更在于她们能够把日子过得有声有色,生机勃勃。

"你看,那朵花,即使在风中摇曳,也依然绽放着它的色彩。"我常常对身边的女性朋友说。她们都是把自己活得很精彩的人,但并不代表她们管不了家,教育不了孩子,反而,她们能把家庭生活打理得井井有条,孩子教育得有模有样。这也并不代表我反对女性做全职家庭主妇,每个家庭情况不同,每个家庭都有适合自己的生活方式。

家庭主妇也是一份职业,不应该被忽视。她们的付出和牺牲,同样值得尊重和赞赏。"一屋不扫,何以扫天下?"家庭主妇的工作,是家庭和谐的基石,是孩子成长的摇篮。

无论做什么,我希望女性都能够保持独立的身份,有自己的兴趣爱好。爱美之心,人皆有之,女性往往对美好的事物更为敏感,也更乐意将自己变得更美。但是,女性的美丽不仅仅在外表,更在内心的独立和自信。我看到过很多家庭主妇，她们忽视了自己的感受，每天围着先生和孩子团团转，全部的精力都放在了家里，慢慢忘了自己是谁，喜欢什么，眼里慢慢失去了光彩。

孩子在很小的时候，需要母亲付出很多时间和精力，但随着孩子长大，母亲也需要放手，这样既可以给孩子独立的空间，也可以有精力去做自己喜欢的事。母亲的角色，不仅仅是照顾和陪伴，更是引导和激励。只围着孩子转，过度插手他们的所有事情，时间长了，孩子也反感。

女性的魅力，在于她们的独立，在于她们的自信，更在于她们的智慧和坚韧。无论身处何种角色，我们都要保持自己的本色，活出自己的精彩。也只有如此，才会成为孩子的好榜样。

结语

心灵之光

在精神富养中找到生活的意义与方向

庄子曾说:"人生天地之间,若白驹之过隙,忽然而已。"人生如梦,转眼间,我已过了而立之年,即将迈向人生的下半场。我看过人世的繁华,经历过悲欢离合后才明白,冷暖自知,才是人生的真谛。

学生时代,书本和导师们都告诉我,人生短暂,要学会珍惜。这些相似的话语,如同庄子的智慧,让我在成长的路上懂得了从容与自省。

接下来的旅程,最要紧的不是对物质和欲望的满足,不是取悦他人,而是学会善待自己、富养自己,让自己的心变得广阔而丰富。苏轼在《初到黄州》中自嘲:"自笑平生为口忙,老来事业转荒唐。"这让我懂得,人生的价值,不能只看外在的成就,更重要的是内心的充实与平和。

在被贬黄州时，苏轼脱下长衫，换上农服，下地劳作，自给自足，并且乐在其中。他与农夫聊天，交流经验，亦是欣然自得。这种心境，让我想起了母亲在厨房里忙碌的身影，她总是能用简单的食材，做出最美味的佳肴，用她的双手，富养家人的胃和心。

在辗转沙湖的路上，忽逢大雨，同伴都狼狈躲雨，唯有苏轼在慢步徐行。这让我想起了那次和家人一起的旅行，突如其来的暴雨，让我们措手不及，但我们都选择放慢脚步，享受雨中的清新与宁静，那一刻，我们的心灵得到了净化与升华。

唯有内心从容，才不会为琐事频增烦恼，才不会在窘境时怨天尤人；唯有懂得善待自己、稳住心态，才能将心灵之树养得根深叶茂。就像父亲在困难面前，总能保持乐观与坚韧，用他的智慧与勇气，带领我们走出困境，让我们的心灵之树更加茂盛。

从此刻起，让我们重新富养自己，成为一个精神世界丰富多彩的人。去做那些自己热爱的事情，学会与自己的内心对话。学会与书为伴，它们是智慧的源泉，是灵魂的慰藉。

记得小时候,母亲总是鼓励我多读书,她说:"书中自有黄金屋,书中自有颜如玉。"书籍,是我最早的朋友,也是我最丰富的精神食粮。

为自己培养多种兴趣爱好,去探索那些未知的新鲜事物,去结交那些能让自己开心的朋友。就像我在田野间漫步时发现的每一朵野花,它们虽小,却各有千秋,给我的心灵带来了无尽的愉悦。

即使岁月在皮囊上留下痕迹,只要我们的灵魂保持有趣,便能在前行的路上为自己点亮一盏明灯。多出门旅行,让自己的足迹遍布山川湖海,增长自己的见识和阅历。我曾在旅途中见过巍峨的高山,它们让我明白,生活中的"小土坡"不过是微不足道的挑战。我也曾在海边静听潮起潮落,它们让我懂得,只有拥有像大海一样宽广的胸怀,才能包容生活中的一切不如意,不偏激、不抱怨。

从个人成长到家庭和谐,再到文化传承和社会责任,探索实现生活的丰富与内心富足的方式。

我深知,无论我身在何处,我的心,永远与故乡的那片土地紧紧相连。

故乡，是我生命的根，是我精神的家园。在这里，我找到了自我，也找到了归属。

爱莲堂，就是我与故乡、与先祖、与传统文化之间最紧密的纽带。

一个人的精神世界越丰富，他的生活便越精彩。人生无法重来，生活本就充满挑战，但只要我们学会富养自己，就能不负这美好的时光，不负这宝贵的生命。我愿与诸君共同追求内心的富足与生活的丰盈。